亲爱的，一起幸福吧

Happiness life

上官昭仪　著

——送给想要改变的你

女人80岁之前都要学习的功课

中国人事出版社

图书在版编目（CIP）数据

亲爱的，一起幸福吧 / 上官昭仪著. — 北京：中国人事出版社，2015
ISBN 978-7-5129-0867-3

Ⅰ. ①亲… Ⅱ. ①上… Ⅲ. ①幸福—通俗读物 Ⅳ. ①B82-49
中国版本图书馆 CIP 数据核字（2015）第 028354 号

本书由四川一览文化传播广告有限公司代理，经雅书堂文化事业有限公司授权出版。
北京市版权局著作权合同登记号　图字 01-2015-2037

中国人事出版社出版发行
（北京市惠新东街 1 号　邮政编码：100029）
*
保定市中画美凯印刷有限公司印刷装订　　新华书店经销
787 毫米 ×1092 毫米　16 开本　12.75 印张　168 千字
2015 年 4 月第 1 版　　2015 年 4 月第 1 次印刷
定价：38.00 元

读者服务部电话：（010）64929211/64921644/84643933
发行部电话：（010）64961894
出版社网址：http://www.class.com.cn

昭仪给你的一段话

爱，无所不在。

幸福，永远存在。

当你打开这本丰盛能量感十足的幸福书时，请用心体会这书中具有的满溢之光。

那是爱之光，是生命的经历，是一种感动和无私的分享。让我们一起分享和陪伴，在爱中学习，在爱中成长。

亲爱的，

一起幸福吧！

推荐序1

亲爱的，人生多美丽啊！

文/蔡丽玲
台湾雅书堂文化事业有限公司 总编辑

我在家里玄关处放了几束干燥花材，有黄颜色的蜡菊、红色山归来、几支正褪去绿色的尤加利，还有一串野生的酸浆果，很自然就垂坠出一个悠闲的姿态。每一日出门的一眼，以及每一回入门的一眼，我习惯把眼光落在它们身上。而每每扭灯照亮之后，撒落在墙面上的安静光影，呈现可测亦不可测的氛围，然我都以祈求与感谢的心，默祈着一日的平安与顺遂。这一天或许奔忙，或许咧嘴大笑，也或许元气满满，更或许身心疲累，但对我而言，每一天都是寻常的一天，也是特别的一天，只是看一眼安静存在的花花草草，心里就一定有沉甸甸的满足。我以这样的仪式，自在接收花草能量，心中自然滋生小小的且笃实的幸福感。

因为挂心历经18次化疗后以意志力与智能正在重生中的老友，初冬那一天，我一派轻装，只配备了一瓶水和一条毛巾，决定和老友一同爬山林古道。当我立在山脚下，抬头一望，眼见蜿蜒生长的林木和一千三百多阶的石梯，据说爬完全程可消耗好几百卡路里，人生果真是充满挑战啊！一路上我们两人交谈不多，目的是省点力气好喘息。经验不多的我一边爬一边热汗奔窜，偶尔以“之”字形步伐前进，因为自知爬坡力有限，只好使用这种方法，是一种本能吧！

在向上爬升的同时，我时常环顾左右，要是腿真乏了，就借赞叹脚边的野花和野草有多美，放缓速度以偷得几秒钟的喘息。也有那么几次，干脆停下脚步喘大气，也趁机四目远眺蓝天白云。此时已全然明白退后不得，便只好奋力往前去，一直往前去！于是，我开始想象：在山顶等我的是什么呢？多了愉快的想象，不自觉脚步便轻盈了，身边掠过的风也清凉了！一路上老友全程走在我前头，我看着她纤瘦身躯以不疾不徐的节奏前行，驱使我也不能落后太多，若让人频频回望担心，那就糗大啦！

当我们一起登顶后，老友领着我下到膳房，静静地与三五信众围桌而坐，一口一口地咀嚼着一顿朴实无华的斋饭。饭毕，两人面山席地并坐，望着山谷穹苍，身边两侧护持着我们的是菩萨的四大天王，于是愉快且大胆地聊起生死。这一天两人睽违将近一年半的约会完全没花到半毛钱，还意外在宫庙里得到两根阿公送的香蕉。这一个半天的所有相遇，让我真心觉得：人生多美丽啊！

如你一般，我也在积极寻找创造我要的幸福，希望每日保持有如沐浴后般的洁净与平和，便可觉察与接受更多幸福的感应，《亲爱的，一起幸福吧》这本书算是我们对女人发出的呼喊吧！

为了找寻关注的议题，昭仪和我深谈了好几次，我们一起抽丝剥茧的自省，彼此提问，一起思考，也一起找答案，想方法。规划这一本书虽不至于说呕心沥血，但也历经磨难，只缘于反复思考着：女人要的幸福到底是什么呢？

昭仪明白地告诉我们，幸福的第一步是认知自己真实的本质，思考以哪一种身份过日子。在认清身份之后的更多觉醒，能帮助你看清自己的方向，因此，你大可不必以心碎作为幸福的唯一度量衡，也不需给予太多定义，只要展现自身的美好力

量。昭仪也说，过去是经验，现在是开始，而未来是丰盛。只要你有追求幸福的意念，你可以从挫折中获得继续努力的力量，你可以在失恋之后过得很有暖度，也可以感受爱、分享爱……那么，斩断负面的牵引，和我们一起行动吧！

很高兴《亲爱的，一起幸福吧》一书继繁体中文版在台湾印行出版后，得到大陆同仁的赏识，这么快在内地推出简体中文版。在此诚挚地把《亲爱的，一起幸福吧》献给想要改变的你，书中有各种练习和对话，在昭仪的带领下，透过觉知，你便可以听见自己内心深层的呼唤，而在彼当下，你自然就踏上幸福道，与爱，也与我们同行了！

蔡丽娟

甲午年冬于台北

推荐序2

寻找自性的光明

文/张肇达

画家•时尚艺术家•服装设计大师

在浮华繁杂之中，种种纷纷扰扰掩盖着无尽的欲望与渴求。佛说，“一切有为法，如梦幻泡影，如露亦如电，应作如是观”。“一切法从心想生”。反思自身，真实地诚恳地找寻自我是根本。每一个人的生命都是独一无二的，烦扰于他人之说，纠结在他人之命运，不如静坐于独室中，安静地思索自身。

与昭仪相识相知，源于对色彩共同的热爱。昭仪自幼习画作画，有着极好的绘画功底，而她独到的清晰解读色彩能量的造诣更是令我钦佩。昭仪不懈地探索自我本质，回归本源具足的自性喜乐，这份认真与执着也在她的不吝分享中展现得淋漓尽致，让我为之感动。

昭仪在书中对色彩的深刻表达，相信大家能从中感受到色彩的神妙与神圣，会对自己在不同层面上有更深的认识和理解，也可以看到一位自然散发光芒的女性导师的自我修炼与自性光明。

昭仪的书，我相信会是我们走过心灵之旅时一个很好的陪伴。我寄望此书读者能以色彩作为升华人性意识的工具，将色彩的能量与修行尽情运用在生活与生命当中，成为现代女性学习成为美好典范的实用手册。

人类自认识世界之初，便与光明无法分割，而色彩便是随光明而至的最珍贵的恩赐。希望每一位读者都能从这本书中有所收获，在昭仪解读的色彩的能量中感受到自性，接受自我，拥抱幸福，寻找自性的光明。

甲午年丙子月于北京

推荐序3

智慧女性，成长新典范

文/刘宇森

慧明国际学院院长•上海道和慧明文化传播有限公司战略总裁

上官老师是我生命中所遇过不可多得富有传奇色彩的心灵导师，同时她也是启发我进入内心深处找到平静的人生导师。

一个弱女子，只身驰骋在轮回中，历事炼心却只为利益众生，如出污泥而不染的莲花，也如同慈悲的观音一般，纯粹而坚持。这是我与上官老师共事时，所见到她的善心慈爱以及择善固执。

在我邀请上官老师为我们道和慧明教育集团开设的智慧女性课程中，其实也是依照老师的美好特质所打造的，因为在多年的生命历练以及两性关系演说中，我深刻明了到一个女性所具备的美好品德是何其重要，不仅左右了另一半的成功，也影响了下一代的教育，女性在社会国家的长远影响力，远远超过男性。在老师身上时时可见到她的多才多艺却不吝分享，优雅高贵而不出恶言，心思细腻却不拘小节，最令人惊艳的是她的灵性力量，总是令同仁们感受到慈悲与温暖的关怀，有她在公司，总是带给众人光明与安全感，一种强大而无私的爱与支持，总令我与同仁们受惠良多。堪称智慧女性之娴熟典范，也因此，我力邀老师担任我们道和慧明教育集团家庭教育成长版块的“美德“教育导师。

拜读老师的作品，字里行间透出的都是女性觉醒的毅力与决心，努力修炼内心并充满对生命蜕变的热情。在书中更有她将专业素养带入生活修炼后的成果展现：穿越东西方教育并勇于带领时尚心灵风潮的勇敢新女性。值得我们共同支持与聆听，她的讲座，总是柔美动人，最终总可以带领众人走向平静的道途。对一个终日忙碌没有个人生活空间的我来说，无疑醍醐灌顶，甚为享受。

今日有幸与上官老师共同培育成长教育人才，并共同创造中国家庭教育之启蒙推广，令我与同仁们都在此人心变动、世态无常的生命中，见到心灵之光。

恭贺上官老师出版新书，虽然这不是老师第一次在内地推出的作品，但却是老师与我们道和慧明教育集团携手，共同推动智慧女性成长以来的首部代表作，但愿以此抛砖引玉，期待上官老师带领更多智慧女性，推动社会良善风气，创造中国家庭更美好的生活品位。

甲午年丙子月于上海

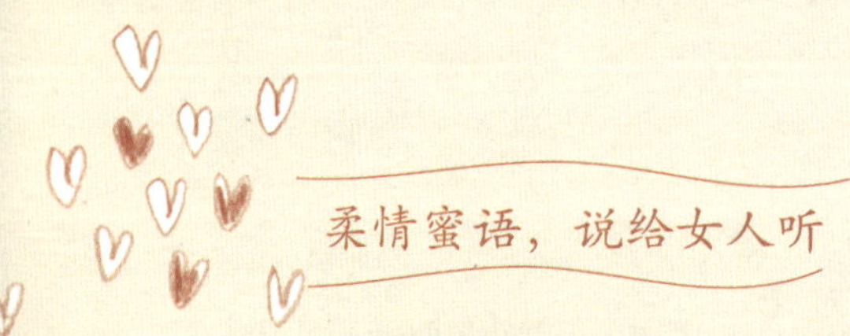

你幸福吗？

幸福，是个有趣的主题。

电视电影中，充斥着和“幸福”相关的浪漫主题。

大家都喜欢看这些“幸福”的影片，幻想自己也是剧中幸福的女人。

有一阵子，很多女性都幸福地期待着自己生命中的“大仁哥”可以出现，或希望为生命中的某个男人定名为 X 大仁。如果有个随时在旁陪伴，且能予取予求的大仁哥，那，应该很幸福吧？这个幸福，与自己内在对爱的渴望有关。从这个角度看，幸福或许是爱吧？

如果你猛然问个女性朋友：你幸福吗？

她可能会立刻回应说：喔，我很幸福呀！我很好。

不过，请你运用一下想象力，去感受一下，随着这些问题提出之后，在我们内在开始出现了一些如分镜电影，或连环图画般分开的镜头与画面。

下一秒钟，这位女性朋友的脑海里，浮现的声音是：

喔，我幸福吗？

声音 1

浮现脑海的画面：

嗯，我还有这些没得到。

还没升迁，钱还不够用，人不够漂亮，身材不够苗条，工作不够轻松，小孩不够听话，老公不够忠诚、仍有外遇的危机……

声音 2

浮现脑海的画面：

嗯，过去那些被人背叛或不愉快的日子：

和姐妹淘为了个男人闹翻，某人欠钱不还，被人劈腿，曾经太丑太胖被笑……

结论

如果你现在问我是否幸福，说实在的，我不知道。

我真的幸福吗？

我想（头脑想），我应该幸福吧（感觉怀疑）？

但是，我好像感受不到耶（没感觉）！

什么是幸福的感觉？

你可能早已淡忘了。甚至，努力地在头脑中的字典里搜寻，却遍寻不着这幸福的字句。

照道理，你想你过得还可以；逻辑上，生活也没有过得很差呀！但是，你感觉自己好像仍与幸福距离遥远。甚至在你生命的字典里，根本没有“幸福”这个词。

到底出了什么问题，使我们失去和幸福感的联系呢？

我的工作一直都是和人的内心相关的，男男女女一堆人，前来寻访身心平衡，或是为自己的生命找寻出口的人特别多。

基本上，会关心自己是否幸福这个主题、会前来寻找答案的人，依据我个人的经验，生活几乎都是过得去的，很多是属于金字塔中上层的人。这些个案与学员的生活水准都在一般人之上，他们的生活，在旁人眼中看来，特别幸福。

但是，对每个人来说，都有自己幸福的定义；因此，未必自己会感觉到幸福。这其中，也有很多人前来寻找自己不幸福的原因。明明生活过得很好，却仍感受不到幸福，或真的觉得不够幸福，所以才来找我，期待能寻找生命中更多的机会和可能性。

市面上充斥着许多偶像剧，有浪漫的剧情、写实的内容，创造了我们很多的期待与憧憬，更有命理节目侃侃而谈如何趋吉避凶。于是，更加深了我们对幸福这件事的期待与渴望，甚至更强化了我们“害怕不幸”的恐惧感。

曾经有一位女性，姑且称她为小新吧，她认为长相帅气的男人，应该很容易背叛或劈腿，于是，她信任那些长相不出色的男人可以带来爱情上的专一。她很开心自己交往到一个相貌庸俗甚至可说是丑陋，但状似敦厚老实的男人，她想，自己应该很幸福，这人应该是所谓的大仁哥了吧（别忘了，银幕上的大仁哥，长得可不是一般的丑，而是超出一般的帅噢）！

正当她幻想这位大仁哥，应该是幸福的守护者时，这位“大仁”哥，竟然提出了一个有趣的邀请：邀请小新，成为他的小三！

因为，他已另有适当的对象可能即将升级为女友，但又放不下小新的柔情似水。经评估后，这位没钱又没长相的大仁哥，竟然提出了这么一个荒唐的要求。小新失望气急，于是，要这位“理想”中的大仁哥：滚蛋吧！

对女人来说，很多的不幸福，是来自于爱情层面的痛苦所致。但更多的不幸福，似乎却是自己创造出来的，与外界没有太大的关系。

幸福，到了某个层面，似乎也不全然是爱情，而是爱的境界。没有了爱的感受，就不会有幸福的感受，与有没有爱人，也没有太大的关系。

Content

Part 1

你以什么身份过日子。

我热爱我的每一个身份、每一种角色，

我也喜欢在各个身份角色中，

展现自己的美好与力量。

——上官昭仪幸福道

Cher seur et Beaufrère et neveus
Je vous envoi carte pour souhait
et bonne et heurer année et aussi cor
mes neveux votres frère qui
vous embrasse

01 认识自己，是幸福的开始！

认识自己，是幸福的开始！
当我们生命中有亮光时，
我们会觉得开心、丰富、心想事成，
这就是幸福！

我的工作，一直都是以“色彩”和“能量”来协助需要的人们认识自己。

依据工作上的经验，许多生活水平臻至水准之上，特别是爱美的女性都会被颜色所吸引，而渴望内心平静的女性，则会被我们工作上内在与外在的美所吸引。

这种美，我会说，叫做“能量”。

但“能量”是什么？

简单来说，“能量”就是情绪，就是感受。

你对外的感受，以及你自己的感受，就是你的能量。

所有渴望能更美的女性，不论是渴望内在的美，或外在的美，都会被我的工作所吸引。为什么？因为人人都会渴望“明亮”的光芒。

简单来说，明亮的光芒，就好比靠近一个让你感到很有爱，很有正面力量，或是很能令人感受喜悦，觉得放松的人一样，这种人，我们形容他是很有“光”的。

相反的，当我们老是处于情绪不安、怀疑，甚至是欺骗的状态时，光就逐渐黯淡，生命能量中的阴影增多。于是，我们开始感受到光被蒙蔽，无法成为自己，无法做真实的自己；很多时候，都在说着言不及义的假话，心里总感到委屈，或感到被人误解的压力。于是，能量自然就黯淡了下来，也无法与他人靠近。愈是这样，我们就愈渴望靠近光源。

于是，颜色，就成了包装的糖衣，也成了生命中点缀的核心。这也就是能量的魔术师——以颜色替生命着点色彩。

而当我们生命中有亮光时，我们会觉得开心、丰富，心想事成。这就是幸福！

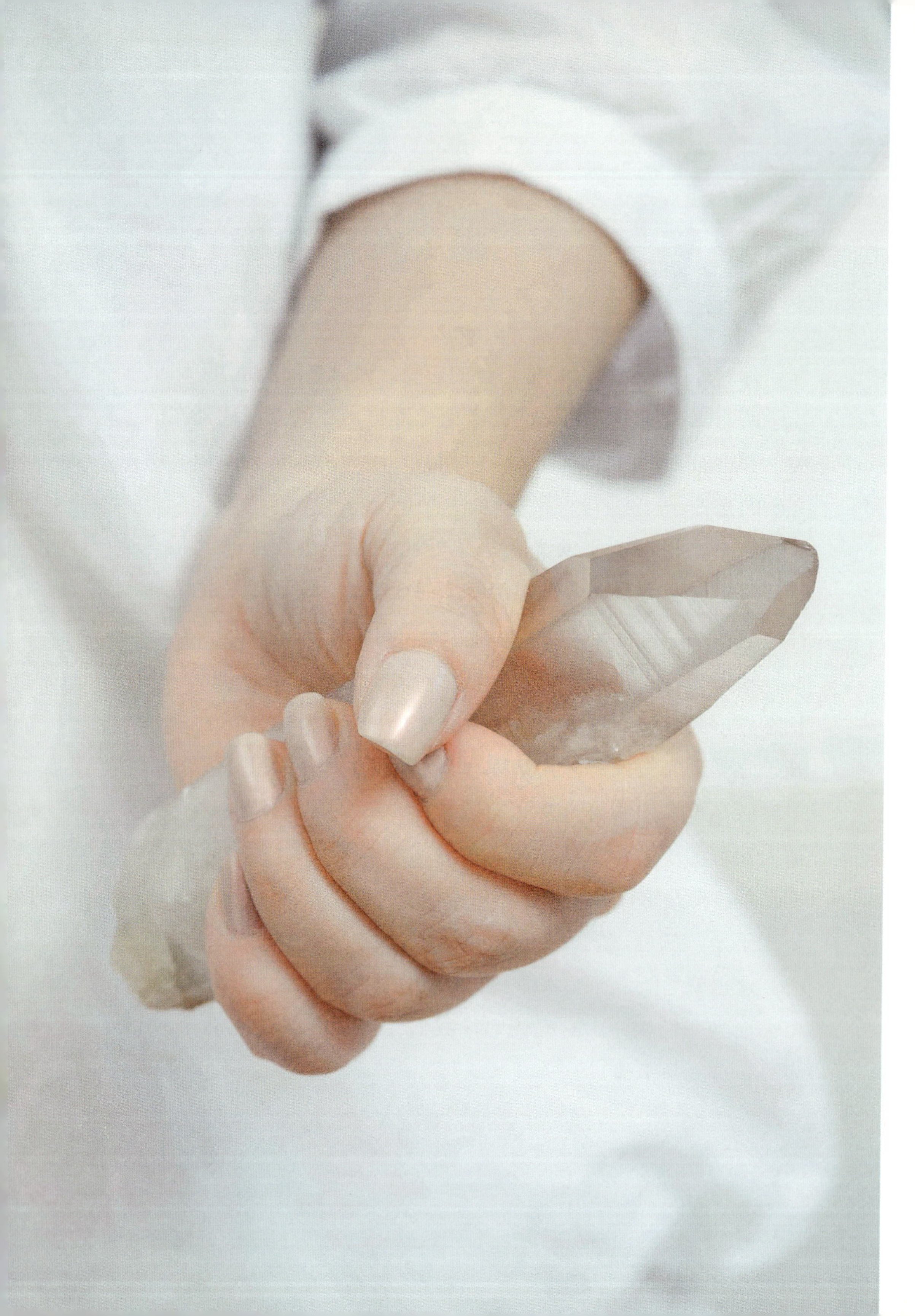

幸福的第一步，认识自己真实的色彩

真实的色彩是纯净的白色，如孩子般的天真无邪。

不过，太过纯净令我们索然无味！

我们总相信，自己有着各种不同的才华与生命力，于是我们相信自己是可以拥有所有的颜色的，并借由分别索取这些色彩，令我们不断去追寻生命中的渴望与需求。

你是哪种颜色的人，亦指你是哪种特质的人。你给予他人什么样的色彩？你能供应他人哪种美好的能量？

这些，都是认识自我的第一步。你真实的品质！

我们常形容我们的心，就像是洁净的水晶一般，是没有任何污染的。不过，很多的想法与情绪，还有外界的观感等影响，让我们内在纯净的水晶，逐渐被遮蔽了，变成了各种不同的颜色。

你以为这些颜色是你，但这些颜色也不过就是你不同的想法和情绪，都不是真实的你。当你被不同的渴望包围时，你就开始感到“不幸福”了。因为，你以为那个“渴望的颜色”就是真实的你。你的光芒，当然就被这你所以为的颜色所遮蔽了，如何看得见真实的自己呢？

透过以下几个色彩能量检测，你便可以知道，自己是被哪类能量障蔽了幸福。

色彩能量测验

红色：经常感到强烈的兴奋，有时候，很冲动地做了某事，之后又快速后悔。

橘色：总是有着很深的恐惧，没有很大的信心，觉得自己不够性感。

黄色：老是担心，老是害怕，对很多事情都感到很紧张，容易做梦，睡得不好。

绿色：老喜欢忌妒他人、羡慕他人，总是看到别人碗里的那块肉，却忘了自己碗里还没吃完呢！

蓝色：习惯说场面话，不太知道该如何信任他人，总是留一手，以免被他人背叛。

靛色：容易活在幻想里，总想一步登天。有时候活得像个仙子，不食人间烟火，却又难免得吃一点。

紫色：喜欢浪漫，却又容易情绪失控，情绪化，容易被环境所影响，睡眠品质不佳，容易精神衰弱，却又自以为灵性。

确幸指数检测

如果就生命质量数来看，你把出生的公元年、月、日，全部数字相加，我们就可以测试一下你的“确幸指数”。

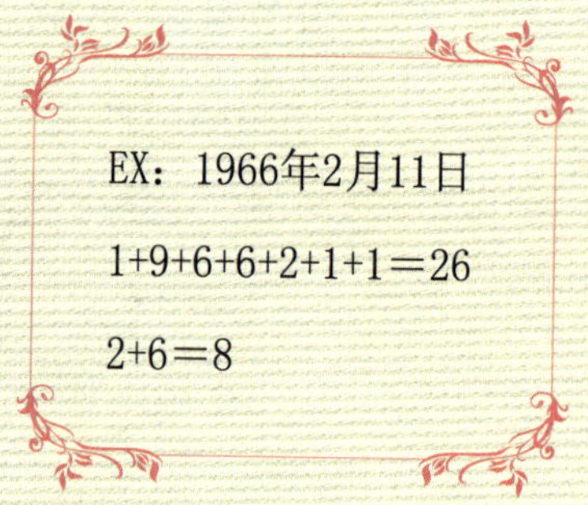

EX：1966年2月11日

1+9+6+6+2+1+1=26

2+6=8

那么，你即是属于数字8

数字8形式的你：老感到匮乏，觉得不够，想要更多，又想要把所有事情都控制在自己的手上。

1
2
3
4
5
6
7
8
9

数字1形式的你：

喜欢控制，也渴望能够发号施令，常常觉得别人不听自己的，就感到痛苦失落。

数字2形式的你：

总是愿意做个最好的配合者，可是外在配合了，心中却老大不愿意，内心怨气四射，却又强颜欢笑。

数字3形式的你：

老是口无遮拦，喜欢东拉西扯，却不知道自己言不及义时，已经得罪不少人了。

数字4形式的你：

总想着要安定、要知足，不过，却老是觉得没有安全感。甚至，觉得自己老是被很多的牵引力或僵化的规矩拉着，动弹不得。

数字5形式的你：

为情所苦，却苦得不明所以，有时候，总觉得灵魂卡在身体里非常不自在，老想要逃离，却又无处可逃。

数字6形式的你：

到底应该重视爱情，还是面包？该了解理想，还是关注现实？总以为需要努力，有了面包才会有爱情，苦呀！

数字7形式的你：

多疑，总是揣着很多怀疑的人，就算是有灵感，也不时自我质疑：我可以吗？我行吗？这件事可以这样做吗？

数字8形式的你：

老感到匮乏，觉得不够，想要更多，又想要把所有事情都控制在自己的手上。

数字9形式的你：

总是把握不住自己的方向，有时候容易随波逐流，想要理解真理和生命的方向，却总徘徊在理性的边缘等待良机。

如果你有达到一项以上的准确度，那么，恭喜你，你即将开始迈向幸福的道路了！当你让自己从痛苦走向甘甜，从失落的黑暗走进跃动的光明，你，就已经活在幸福里了！

02 认识真实的自己

不论哪一种选择，
都是幸福的。
只是，你感受到了没有。

过去是经验·现在是开始·未来是丰盛

这本书，其实从计划到完成，应该已经两年了。也就是说，酝酿了一年，又花了一年的功夫，才生出这本令女人可以“小小确幸（幸福）”的心情实用书。

本来以为这本书很好写，却没想到，书写的过程也令我走了一段回顾与寻找真实自我的马拉松。或许也是上天的安排，必要的考验早就等在那里，等着我的觉醒与回归。

目前想来，现在的一切仍是意料之外的事。

缘起于我因为工作的关系，从小就过了头的敏锐（或脆弱），还有长期在世界各地居住与工作的经验，算算有近乎二十多年的时间，我属于世界公民——居住在地球上，是一只“没有脚的鸟”。我享受这个过程，享受飞行，且乐此不疲；也在这个过程中寻找着解除痛苦的麻醉药，并自认为很幸福。

在外人看来，的确幸福。

甚至多少人称羡与渴望，并努力追寻着我踏出的脚步。

但在我自己看来呢？我曾在接受《中国女人》的专访时很自豪地说：“我的确享受这个过程，同时认为，自己朝着独立新女性的道路前进。”甚至，这些小小故事，对喜爱我的同学们，无疑于是个值得鼓励与仿效的对象。

过去的我

其实我也很享受这种隐匿于飞行间的乐趣。但每当我感到倦了、厌了，下一场的“演出”又将开始，于是，又必须飞走。

有时候，我还是希望停留在这样的快乐中，因为我喜欢所见到的人群朋友们，甚至沉淀在大家相爱的疗愈能量之中，不想离开。但是，却不得不走。

记得在北京，曾经有两年的时间，每每离开都有同学追到电梯旁，哭着要我不要走；也有同学，每个月从四川到北京，整整跟了一整年的课程，每个月都不缺席，到后来，连这位同学的老公都亲自来北京请我吃饭，想见见传闻中的这位“看似年轻的精灵”为何能吸引他的老婆来学习与成长。更有不少同学，持续跟课了好几年……

每当我不想与这些美好的感觉分离时，时间到了，我得赶往下一站。

就这样，每次走时，偷偷在车上忍住泪水不让司机或主办人见到的是我；到了机场，终于放下了所有人，独自进入候机室时，流着泪水的是我。实在很想哭，趁着在飞机上一连看三

部电影，跟着有理由哭着的还是我。

记得当年不想离开上师，不论跟到天涯海角，甚至在西藏的山上，只要是分离，都会忍不住当众泪水直流，抑或躲到厕所偷偷流泪的，最终仍是我。

这些分离的经验，在我不得不跟着工作的安排飞行时，成了最痛苦的感受。

曾经，我是充满怨言的。

因为我是一个恋家的人，一直都不太喜欢到处跑，认为天黑了应该就要回到自己温暖的家；但却得因为工作的需求，不停地以各地旅馆为家。虽然每次所到之处最终都能让一群痛苦的人，都得到爱与光的温暖，并见到每个人都从黯淡无光转变到光芒四射，这时候，再多的辛苦都觉得值得！

可是，我终究仍得面对一个人孤单的时刻，没有掌声的时刻，一个人孤零零的在饭店里与自我面对面的时刻。

这些诸多令我感到的不幸福，直到习惯了、放下了，才不再感受到拉扯的情绪伤口。

现在的我

没想到，这些无法安定下来的痛苦，二十多年之后，却成了众人眼中的“幸福”。

当大家认为这也是一种幸福时，我忽然感到很讶异。曾经有多少年，我是如此渴望地想当个家庭主妇，做个贤惠的太太，专心地只爱着自己的丈夫和孩子，不用管世界上哪里发生了什么大事，也不用理谁家父母又出什么状况、谁家老公健康如何，更不用理谁的心情不好，该如何处理。这些关我什么事呢？

我渴望的，是大家所拥有的；巧妙的是，大家眼中所见到的我，却也是她们所想要的。

人生的一切，都是选择。这句话，一点也不错！

期许未来的我

在经历了这本书的“磨难（启发）”之后，我想，我终于明白，自己的确非常幸福！

这磨难，也是起始于欣赏我的总编辑丽玲力挺我的结果，感恩她“欣赏”我的生命形态，并希望在鼓舞更多女性的同时，也督促我走向人生的另一个春天。

幸福，常发生于你不预期的时候

当你特别想要什么时，或许因为期待过高，失望太大，以至于你根本没有幸福感。可是，正因为你不期待它的发生，于是，发生的一切，你都在较低的期待下，产生了高昂的光明振奋感受。

所以，幸福感，其实是一种比较级，透过比较而来。

我没想到的是，在走这本疗愈书的历程时，也的确经历了此生最大的冒险，精彩又危险，但若是你问我假若有机会选择，是否愿意重新选择另一条路，我的答案依旧是——不！

我还是会选择同样的路。因为，**不论哪一种选择，都是幸福的。只是，你感受到了没有。**仅只有这样的差异。

因此，这本书的完成，只代表了幸福的道路仍在行走着，从过去，走到现在，以及迈向未来。

小确幸的练习

认识真实的自我

拿张纸、拿枝笔出来，写下你所认识的自己。

画个四方形，然后中间画个十字，于是，这个四方形中间就有四个格子了。

我的外在世界	我所见到的 别人的外在世界
我的内心世界	我要呈现给他人所 见的内在世界

请你先“诚实”地写下来，之所以强调诚实，是因为只有对自己诚实，这张分析表格才是有效表格。看看在哪个栏位中，你写的项目最多，反正只有你知道这内容，所以就赤裸裸地大胆表露吧！

我的外在世界

象征你呈现给他人的外在条件，比如：名誉、事业、社交能力、人际关系等。

通常我们都希望给人好印象，所以会很在意工作、事业、外在的形象。有时候，也会有着强烈的内在渴望，希望别人看到我们的成就。

我的内心世界

代表自我，代表你对自己的内心世界的语言。

当我们静下心来，有太多的声音叨叨念个不停。你内在的自我会跳出来批判你、叮咛你，造成你对世界的恐惧和不信任。

如果有，写下来，看看真实的声音有哪些。

我所见到的别人的外在世界

我如何看别人的世界呢？

喔，隔壁王太太有颗大钻石，她老公送的。

喔，昨天陈小姐又去做了微整形，哼，有什么了不起。

别人怎么样，你如何看待，也能牵动你的情绪与自我。

我要呈现给他人所见的内在世界

代表我关心的他人，也就是我所关心的他人如何看待我的内在。

我们有时隐讳了自己内在的最深处（自我），却把“他我”呈现给外界，我们对外说的“真心话”，有时候依然是经过修饰的，不论你是刻意或无意。因为我们会在意他人的想法，所以容易把真实的自我中自己觉得不好的那部分再隐藏起来，或是在彼此的关系间修饰一番。

03 你选择成为怎样的你?

没有恐惧,
没有担心,
只是做自己。
做着那个努力完整生命的自己,
不背叛自己的真实的人!

——上官昭仪幸福道

女神，依然选择做自己!

有时候很想摆脱乖巧的形象，有时候很想放掉彩油教母的形象，再有时候，内在的大女人更渴望展现性感的形象。

但我在修行或传递爱的疗愈力量的同时，感受到：可以美丽，可以健康，可以快乐，可以实现梦想，可以心想事成，可以勇敢，可以柔软，可以坚强，可以成功，可以富裕，更可以——爱!

一直以来，都以为自己的“红”总在负面声浪中，很想躲起来！不过更有趣的是，多年来大家总是不忘昭仪，我才赫然发现，原来自己还真的“很红”。

谢谢大家的抬爱，也谢谢所有在昭仪身边参与过的朋友们，多年来一直惦记着昭仪不忘，叮咛着昭仪的进步，所有和昭仪相关的话题能量，都凝聚成强大的勇敢行动力，守护着昭仪的疗愈之路。

于是开始明白，原来女神地位一直存在着；大家投射出的完美形象，都只是呈现出自己内在的渴望，并将这些投射在昭仪身上：完美的治疗师，心灵导师，女性。

请尽量投射吧！透过昭仪这面镜子，肯定可以为众人带来更多美好的内在成长力量，这是一种荣幸和天赋礼物！

选择，是个看似简单实则有点难度的题目。

你想要成为：

美丽的？聪明的？甜美的？体贴的？智慧的？富有的？

还是……当我们并不觉得自己拥有以上的条件时，我们的选择，似乎成了被选择。你是丑陋的？愚蠢的？不讨人喜欢的？贫穷的？或是……

二元对立的不满足

感情是所有女性会遇到的选择问题。

选择与被选择，和我们想成为怎样的人有关。而感情上的选择，容易令女性感到苦恼，男性更是如此。

不少男性曾感触地说，现在的女性是愈来愈拜金了，过去传统道德下三从四德的女子，如今似乎已荡然无存，令许多男性都需要很努力地工作赚钱。事实上奇妙的是，也有男性婚姻的破裂，是源自于另一半感到对方只会工作，不懂得体贴和生活情趣；或是，女性伴侣觉得男人似乎不够有斗志，只会宅在家中，事业没有发展，生活没有挑战。

许多参与学习心灵成长的女性，会觉得原来的配偶不够有“灵性”，于是，选择“离开”。

也有真实的案例，是女性生了孩子后，染上“心灵成长”课程中的前世今生缘，于是抛夫弃子只为前世情，使得男性个案前来求助，希望能协助他的老婆回到家庭。

为什么以上提到的都是悲情的男人呢？这不是本女人的幸

福指引书吗？为什么不谈谈那些搞小三的负心汉、不知感恩的坏男人、骗财骗色的贱男人……

因为现代的女性已经拥有太多的选项，可以真实地、自由地活着了！

活不出真实和自在的，是被绑住的二元对立观。这种相对的观点，让我们被自己心灵的限制所束缚着，感受不到幸福。

我们对于自己的选择，常处于“偏于一边”的状态。

这种二元对立的习惯、非阴即阳的二元世界，让我们总在一方遥望着另一方。没有婚姻状态时，想要婚姻；有了婚姻状态时，渴望单身。受到不自在的感情牵绊时，想要离婚；离了婚，却后悔失了长期饭票。

因为想要爱情与面包，于是，总觉得缺了哪一部分都是痛苦，没有幸福。

多元价值下的自我迷失

还有些人，总觉得自己不够漂亮，身材不够好。

那么，去整容？去变美？去减肥？去运动？方法多得很。

也的确，弄得够美了，却依然没有自信，揣着贫乏的内心，依然如改变前的丑小鸭般活着，忘了自己已经是美丽的天鹅了！

记得有位女性个案，姑且称之为小美吧！学生时期因为太胖，被男友抛弃，而痛下决心要成为美女。于是，在努力减肥和美容之后，成了美少女，男人总是排队在等着她青睐。

可是，这位女性最后选择的，却是与一个学历、经历都匹配不上的男人成为伴侣；她感到安全，不再会被抛弃，因为对方的条件，是不如她的。

有时候，我们的选择也和安全感有关，这类女性，总选择了令她们感到安全的环境和对象。

做个小测验，看看你属于哪类人？

❶我是谁：请写出15个形容你自己的形容词，来描述你是谁？

❷我渴望是谁：再写出15个形容词，来形容你渴望成为的你。

看看各自列出的正面与负面内容比例，谁多？谁少？

如果以正面（优点）角度来看：

我是谁❶多于我渴望是谁❷，可以知道的是，你比较理解自己。

假如以负面（缺点）角度来看：

我是谁❶多于我渴望是谁❷，你对自己的期待，多于真实的自己。

了解自己属于哪类人，知道自己的“不幸福”从何而来后，我们必须承认，就算我们再三小心、多么精明能干、千挑百选，往往，都可能依然会走进夜路里，或是踢到铁板；摔到痛了，才知道自己的选择真的是非常的“不智”。

这么多的不智，如果你很荣幸曾经经历过任何一项或多项，恭喜你，原来你已透过这些不聪明甚至白痴的选择，了解生命不过就是一种过程。

问问你自己，过去许多的错误，那现在呢？

或许想到时仍隐隐有些作痛，不过不碍事，你还是女英雄一位。甚至，愈挫愈勇，成了个中高手！

并且试想一下，我们总是由外界来看自己，那么，如果放下外界的一切条件，只是成为你自己呢？你会选择成为什么样的你？

小确幸的练习

Step 1 我是谁?

请选张自己的个人照，或是面对镜子看着自己的双眼，看看从这双眼中，能够看出什么个性与特质：柔媚？强势？固执？体贴？装可爱？成熟？性感？悲伤？痛苦？忧郁？

深入地看进自己的双眼中，然后，问自己：

这样的感受给我带来了什么影响？

这样的感受，令我成为怎样的人？

所有的特质，都没有好坏对错或是优缺点，只需要感受。

Step 2 试试看？和自己来玩个“转变记忆的色彩”的游戏吧！

挑选一个解决这个问题的颜色，拿张画纸，画个圆，把单一问题写在中间，然后以你挑选的颜色，涂满它，让字被所选择的颜色覆盖（但仍需要看到字）。每个问题所画的图，需要涂鸦至少五分钟，不断地用你所选的颜色涂鸦着这个有字的圆。

你会感受到心情的抒发，特别是，把这个阻碍你心情的字眼，以颜色来转换它的存在。

绘画的过程中，你或许会有所感觉；画完后，把对自己的想法与观感，或是回忆到的往事全都记下来。当你记下这些感想时，也许你会发现，在记忆深处，其实我们可以拥有自己修复记忆的功能。记忆往往会欺骗我们，久而久之，记忆成了习惯，你以为就这样，记忆就成了挥之不去的行为模式了。

画画的过程中，你如果用心去体会每个问题以及你所选的颜色，很可能会忽然觉察，你以为的记忆，可能不是“真的”。还有一小部分，在你的脑海中，是可以转换、可以改变、可以修补，甚至，彻底扭转的。

04 我的幸福是别人的忍耐吗?

我的幸福，又怎么会是他人的忍耐呢?

很奇怪，不是吗?

这其实牵涉到一种时下流行的用语——霸凌（Bully）。

对于没有安全感和幸福感的人来说，霸凌，是最常见的一种快速创造短暂幸福，却会引发长久问题的做法。霸凌随处可见。

像是：情人之间的情绪化、老板对员工的发飙、同事间的八卦是非、有权力或影响力的人（上位者）对下位者的恐吓……这些，都可以说是一种霸凌。

习惯对他人霸凌的人，常常是更没有安全感的人，所以会做出如“试探”、“偷窥”、“造谣”、“传递更负面的消息”等行为，并且聚众形成一股风潮或讨伐声浪，以形成表面的安定和团结。

实际上，因内在不安所凝聚的力量，并不会为这“食物链”中的人们带来真正的平静或幸福；相反，因为不断凝聚这类力量，反而无法从中真正走出免于恐惧的正面心念，形成久久不散的情绪怨力。充其量，不过是情绪纠结的团体而已！一个社会霸凌愈严重，表示人心的安全指数愈低，人们之间的不安会形成阻止正面思维或好事情发生的牵制。

这和幸福有什么关系呢？

关系可大了！

我们总希望能幸福，却常常用情绪化的方式来取得我们想要的。恋人间的寻死觅活、商业间的威胁利诱……有太多的这类事件都源自于同一种品质、同样的能量。

霸凌，让我们找不到幸福的出口！

因为，这只是令我们不断以内在的渴望，迫使他人忍耐和委屈的指标。实际上，霸凌别人的人，多半是自小觉得自己受到委屈、受他人欺侮，或是被瞧不起等不公不义的事常发生在自己身上；于是，当有一天机缘成熟时，就会用“可怜虫”的“受害者”姿态，以既是被害者，也是加害者的身份出现。而骨子里，根本就认为自己是个受害者，所以加害时振振有词。这种心态，是不幸福的悲歌之始。

因为你对不起我，所以，你要对我好一点。

因为你曾经伤害过我，所以，你要好好还债。

因为你曾经做错事情，所以，你要好好弥补。

当幸福，成了他人的忍耐，最终，大家都不幸福。因为，已经没有温暖和爱了，不安充斥其中，只找得到暂时的慰藉——霸凌！

晓静是个亮丽高挑的女子，在爱情路上遇上了一个霸凌女性——小芳。

小芳看起来像是不折不扣的男子，但实则为女性。小芳一直希望能找到对的人相爱下去，却在年轻时，每每努力奉献所有金钱和心力，最后，总是换来爱人跟男人走的悲剧，人财两失。于是，小芳开始了解，女人心，海底针；小芳的心念总是相信：跟我谈恋爱的女人，最终都会回到男人身边。于是，这让小芳成了不折不扣地以“低姿态”霸凌爱人的情人。

小芳的霸凌，还经常出现于口头上的“性骚扰”，总是把性挂在嘴边，状似男人行为实则女性身躯，令身旁的人不知道该视她为男性，还是女性般的对待与抵制。

小芳总是以这样的方式，口头上虐待或施暴于其他人，当他人感到尴尬不知如何回应时，小芳以此释放了她的怨气，徒留这股情绪波动在众人身上。

霸凌的心源自于愤怒，最终创造了不幸。当这样做的时候，只是抒发了情绪压力，把自己的恐惧和情

绪转移给旁人；可是却造成了自己的不幸福感，远离了生命幸福的感受。晓静和前任的许多女子一样，选择了远离，却不再同情对方“可怜的”同志身份。同志不可怜，可悲的是用霸凌的方式得到爱，晓静选择了慈悲的远离。

很多时候，我们的确以掠夺的方式，得到爱和想要的事物，甚至金钱。

但不被祝福的爱（事物或金钱），是很难得到幸福的——这不是来自他人的祝福，而是来自自己的祝福。

曾经有个案例，总是无法祝福自己，负面且习惯性地总喜欢聆听内在负面的声音，说自己不够好、不行、不能成功、很难做好事情……

我们的幸福，不需要透过“委屈（霸凌）”来得到，扭曲得到的，也会被自己破坏掉。因此，了解霸凌能量法则，首先，不让自己感到忍耐，才能不令别人忍耐！

小确幸的练习

面对忍耐

鼓励自己去“完成”一件事。

有恒心地完成。

上健身房，让自己接受魔鬼般的体能训练。

或是，有规律地去运动，有恒心地去做令自己开心的事。

要远离霸凌，首先，挑战体能极限。训练坚强的意志力！

若是体能的训练，记得，一定要“适当地”、“魔鬼般地”去挑战体能的极限。让自己雕塑出健康的体质与体魄；并且，去练习那种“施虐”和“受虐”的极限，和自己的身体对话，鼓励身体，完成挑战。在初期，你可能会产生情绪受虐感与委屈感；不要害怕，让自己去面对这股力量，训练自己的意志力，成为喜欢且会运动的人，就能成为一个乐观开朗的人。

鼓励自己去“完成”，有恒心地让自己美丽或是瘦身，都需要透过自己的坚持去达成；挑战你的意志力，找回真正的自信与勇敢，而不要透过非常的掠夺手段，得到你要的一切。

意志力的训练，是幸福的必要手段！

从此，他人不必再忍受你；从此，你真的可以和他人都感受到幸福！

05 找到幸福的度量衡

很多时候，我们带着粉红色的痛苦活着。
甚至带着不同色彩的太阳眼镜而活着。
仔细看下我们的社会，你会发现，
商店中的每样东西，要不就卖个粉红色给你，
要不就卖另一副太阳眼镜给你。

——宗萨仁波切

你的幸福度量衡在哪里？

A女：女人的幸福是什么？

B女：做自己，喜悦地做自己。

A女：大多数女人为何不能做自己？

B女：因为期待，期待别人的给予。在期待里，很多时候就会选择配合，在这里面没有真正爱自己，所以很多的失望也因而产生。

多半时候，我们都在寻找的其实是粉红色的爱的度量衡。

大多时候，我们觉得不幸福，其实，也只是缺了粉红色的爱而已。得不到了，我们才改由其他的太阳眼镜，从其他的颜色，试着找到幸福的感受。

我们一直都期待能从外在获得幸福。的确，在我们第一时间满足了内在的渴望后，立即、马上能感受到幸福。但这种感受，很真实，却不长久。

于是，我们又渴望接下来的幸福，我们不停设定目标，达成目标，渴望幸福；没得到就感到失落，得到了却还要更多，最后，形成了一首“永远都不够、永远都不够”的歌曲。这首歌没有副歌，主要只有一句歌词：永远都不够！

当你感到不够时，愈感到不够，就愈感到恐惧；愈恐惧，就愈想找个“什么”来填补。这个“什么”，可以由一个人、一个名牌包、一件事（多半可能从爱或性）来得到；这些，令我们得到了短暂的幸福快乐，但一晃眼，这快乐就失去了它的价值。没有价值，意味着没有感觉，就像是速食爱情或婚姻一样，没感觉，就要换口味了。

所以，我们到底该以什么指标来看待我们的幸福呢？

独立且喜悦地做自己

我们可以看一个女性是否独立，来了解其幸福的可能性！

不能独立的女性，最大的问题是——容易受骗。自欺，而后又容易受到他人的欺骗。主要有以下几个细节可以判断是否独立：

· 内在的空虚和寂寞，往往会造成自己需要依赖某些人、某些方式而活。

· 找不到人生的方向，容易被生活当中的任何一点小事所击败，甚至，突破不了生活的困境或习惯性的情绪障碍，如减肥总是失败，每次想要做什么事情，都会因为某些事情成为理由或借口而拖延，如小孩、老公、父母等理由。

· 做了决定总是很快又反悔，无法确定自己的决定是否正确。

我们很聪明的，会从许多方式中找到令自己暂时舒适的方法。因此，很多的借口，是我们的“正当”理由，让我们有机会搪塞或逃开，无法独立面对与处理。

真正的独立不依赖，并不是要你没有伴侣、不管小孩或是发出议论，或和他人或家人唱反调。

真正的独立是来自于你了解生命的法则，了解自己的内在世界，了解自己的心结与问题，也知道怎么改变，如何扭转。

真正的独立，可以创造你想要的生活境界与方式，不会因为靠谁而改变，或因爱上谁而改变；不会受到任何的牵制，而是可以充分运用自己内在的力量，独立自处。

这是种很稳定的生命力，能带来安定的幸福感受，并且对自己更为满意和自信。

现代女性已开始有这样的想法，却往往受限于难以行动。

有时候，心想要独立，行为却无法达成；经济上有担心，所以纵使想要独立，却往往最终还是回头成了受虐儿。因为，必须配合才会得到自己想要的（特别是在金钱上面的安全感，或是情感上的安全感），最终只能回到依赖的习惯里痛苦着。

独立让你成为完整的人，依赖则会让你成为半人（不论你是依赖人、事、食物或情绪）。

独立让我们有真正的行动力去创造，并且也能真实地为自己的幸福负起责任。有为自己生命负起责任的勇气，就能够具有喜悦的力量。

我们需要拿回对自己生命的信心，就是这种喜悦的生命力，喜悦的幸福感。

幸福的度量衡就在于你的心碎程度

若我们说空性的精华在于业，那么，幸福的精髓就在于心碎。

换句话说，你或许因为承受了几段心碎，于是，你明白了幸福的真谛。

没有心碎，没有幸福。因为，直到你真的体会到幸福，在微小的事情中感受到，并深深感激这种感激，令你想把幸福感放在心田里久一会儿，而非急于想找到下一个离开心碎的跳板，这时候，你开始明白幸福是什么了。

因此，幸福的度量衡就在于你的心碎程度。

当你完全自心碎中走出来，你可以说，你完整了，你有

勇气走下去了，甚至，你可以穿越这种心碎，感受到自己曾有过的心碎，却不再停留在情绪的发泄而衍生的任何自我补偿方法，如前述般找个新的垫档爱人、买个可以受你控制的情绪代言名牌包，又或者去创造个新的事业……这些其实都只是因为空虚和急于转换跑道。

你完全走出来，是因为原来你发现自己不需要这些时，竟然也会有幸福感；你对自己的评价，完全大大提高。

当然，在这一切发生之前，你或许会来回好多次的“自我补偿”行为（如前述的方法），直到你觉得腻了，真的很无聊了，于是，你才能真的觉醒，成为幸福人。在你还没有玩够之前，你是不会舍得离开心碎的痛苦，同样的，你也无法真实地理解和体悟到“幸福”。

你可能会不以为然，因为你或许还没有如此痛苦的心碎经验，也或许是你逃得快，不愿意停留在不断的痛苦中。你很聪明，不过，却聪明不过幸福的度量之尺。

幸福这把尺的确需要被度量，因为有了比较，你才会知道什么叫做更好的幸福感受。

在我们的社会中，不断有以卖给女性幸福为名的工具。

贩卖幸福，是因为我们根本不想心碎，所以，我们要更美、更有人爱、有更多华服名包、更好的身材。

总之，我们想要幸福，所以，我们很努力的，用各种红色的爱来包装自己。身体力行，直到我们又再次感到失落，不想再重复循环，情绪累了。

于是，我们才开始愿意动脑筋去思考："幸福何在？"

幸福的度量衡，取决于你在哪个层面的体会

很多次，学生在课程结束后，都会自信满满地告诉我："我要离婚！"

但是，我极少会听到学生告诉我："因为我很感谢对方。"

大多数学生会说："你知道的，因为他对我不忠……所以，我必须有勇气做决定了。"

一位一直用表面完美婚姻包装并吸引他人羡慕的学员，美丽大方，既迷人又聪明。某次课程结束，助理听到她批评没结婚的女性很可怜，不像她自己那么幸福美满。

言犹在耳几个月，后来一次课程她跑来告诉我关于她的决定，就是和另一位同样参与课程的男学员，一起奔向美好的前程——她决定为了这个男人，放下她多年的婚姻和孩子。

她用新时代身心灵理论说："我相信他们会过得很好，每个灵魂都会找到自己的出路。"

而她的主要怨气，是从交往到结婚一直有的怨气，总之，这怨气她实在忍不住了，这令我联想到几个月前的晒恩爱事件。

我听了，当下明白，难怪上课时她如此不专心，因为她这个灵魂已经在课程中为自己找到了离婚的合法理由了，所以她停止了学习（因为已经幸福啦）。来上身心灵课程，也不过就是找到下一个男人目标（这是她一直隐藏的幸福目标）。

现在，她开始什么也听不进去了，因为她已经完全沉浸在自己将要开创的幸福中了。不知道这个幸福能持续多久？当发现情况失控时，会不会创造下一个怨气？尽管我的课程就叫做"幸福道"，而她的确在某个层面暂时幸福了！

前面提过，心碎得愈深，体会就愈深，幸福感的稳定期就愈久。

你若勇敢面对心碎，也勇于让自己从心碎的陷落，走到心碎的事件，就能走进心碎的体悟与因果法则。

你若了解急于追寻幸福其实刚好是本末倒置，了解自己追寻幸福的手段与动机，在做很多事情时，或许幸福的道路会更为清晰一些，否则我们急于追寻的幸福，实际上可能是创造心碎的毒药。

飞机上卖的随身称行李的重量器，似乎很像是幸福的度量衡。

你若不想行李超重被刁难，或许应该事先知道行李的限制是几公斤，并且，确实知道自己的行李有多重。这样，或许你就可以清楚掌握手中的幸福，何必盲从地去冒险，假装毒药是良药，假装这行李的重量没问题呢？

小确幸的练习

感受独立的喜悦

这个练习特别适合总觉得自己不被人重视，总是被人轻视的人。对于生命中总是受到支配的女性，总是无法证明自己的价值的女性来说，这个练习非常能唤醒内在生命的力量，感受到自己身为女性生命的幸福。

Step 1 静静坐着，想象肚脐上方，两指深两指宽处，有颗钻石或星星，闪闪发光。

Step 2 每次吸气的时候，想象从这个中心点开始，能量（光）从你的身体核心向四方流动出去，能量流（光）向四方照亮，你整个人如同一盏灯笼，闪闪发光。光发射出去，也照亮你的全身，特别是脊椎部位。

Step 3 然后，光也朝向手指、脚趾四肢发散，这股力量充满全身，令你感受到活力四射，满心喜悦。

这个练习需要维持至少两分钟，配合你的自然呼吸，把光延伸到身体每个细微之处。而且随时随地都可以练习。

透过上官昭仪的声音指引，可以找到幸福的内在声音。
（免费聆听练习，请至www.ishangkuan.com）

文殊菩萨心咒

嗡·啊惹·巴扎那地

OM Ara Ba Za Na Di

幸福需要智慧，有了智慧才懂得爱。将文殊菩萨心咒虔诚描绘下来，用心体会内在的智慧宝藏，心中生起朵朵莲花，爱是你，也是我。

06 我看见了什么？

在梦中，又看到对方的身影。

我质疑自己，为什么这么久了，梦里还会梦到他？

还会梦到这个曾经伤害过我的男人？

难道，我的心里还住着他？我以为早就远离他了呀？

在我们的内心世界里，我们到底“看见”了什么？

晓庆是个幸福的女人。

至少大家都这样认为。她是个女性运动与社会运动的代表，大学教授，虽然中年没有对象，但大家认为她根本是不需要对象的；因为她没有时间，她看来幸福，其实也不太需要。

不过当我第一眼见到她走进咨询室，我的心中升起一个很细小的声音：“她需要——性爱。”

她的身体似乎充满了不够性感、不够开心、不够滋养、渴望爱的感受。一个女性，没有了性感，只剩下感性，甚至连感性也荡然无存，最终剩下了一个躯壳，以及大大的头脑，没有感觉，只有分析。

愈理性分析，就可能愈批判自己

——没有爱，没有幸福感；就算是得到了全世界，也不幸福！

这样说起来，似乎我们把女人给物化了，会不会吃亏呀？不必太过担忧，女人天生的敏感系统，会自己创造防卫机制，因为，女人除了性，最终需要的仍是一种感受上的满足，若一直只有性的感受，很快的，女性就会出现一种没有自我价值的内在匮乏感，自动会寻找新的出路，或是陷入深深的痛苦之中。

可是，为什么晓庆可以“催眠”自己“我不需要对象”？为什么她要让自己接受这样的观点呢？很多女性来咨询时，外在（事业或长相）愈成功的女性，内在愈可能为了要坚强或成功，而“切断”

与自己的感受相连。因为，很多对自己的感受都是“痛苦”的。这种痛苦，会被定义成“不成功”、“不完美”、“不圆满”……全来自批判。因此，对于极度渴望成功的女性来说，这是不容许发生的事。可是因为没有爱，生命失去了中心思想，于是，必须要努力创造快乐，而这得不到快乐的感觉，就形成了一种刺激。

人类天生最需要的，其实不是快乐，而是刺激。

刺激造成了大脑的差别感受，形成一种距离，这距离感，就让我们很兴奋地从不快乐到快乐。

因此，对事业成功满足的女性来说，与其从不容易得手又充满不确定感的感情着手，倒不如，由容易掌握和处理的事情开始。如果一直从痛苦的事情上着手，就会一直感受到痛苦，感受到自己的失败（个人定义），另一方面，与成功创造了事业上的成就（外在刺激）相比，这落差就会造成极大的快感，因此，我们定义成“快乐”。

其实，需不需要爱，只有当事人的心最清楚。需不需要性，则是当事人的身体最清楚。但是类似晓庆这样成功的好女人，却往往在制约的环境中，圆满了他人的渴望，却忘了满足自己的需要。

“我没办法呀，大家需要我这样！”晓庆说。制约是因为“依赖”，依赖了这样的生活方式，你之所以依赖，是因为透过外在的这些事物来逃避自己。我回答晓庆。

过于强调了外在事物的重要，于是，我们把所有的专注力就放在对外在事情的追求之上了，我们不想面对自己的

心，是因为，我们的心往往对我们说真话。可是，真话不容易面对，真心容易令人看到不想见的真相，于是，我们只好好汲汲于追寻外在，令自己的心忙碌，不必面对真正，也不必看到真实的自己。因为很可能面对真心，我们是失落的、失望的。

于是，我们把心放在外在的忙碌，自己就荡然无存了，因为不必再需要感受到自己真心的渴望了。但，往往内心深深的不安全和无价值仍像浪潮般不断地袭来。

因此，晓庆可能需要研究一下，她对生命的看法以及爱的见解，勇于——落地。

多半这类女性，都曾面临了生存上的考验与挑战，也许自小就有这样的状况，需要承担家计，或是见到社会上不公平不正义的事情，于是令她们认为生活需要这样用力，并以外在的不断忙碌与成就来逃避真实的感情，或逃离令自己身体开心，或对自己身体负责的事实。

小确幸的练习

看见自己的美好

把自己装扮得美一些。

去打破制约、突破限制，对你的身体做些过去没做过的尝试，

当然，目标就是“更美好”！

像是换个造型，穿些不曾试过的衣服款式，换个新发型，去美容微整形。有太多的方式，可以让自己美起来。从外在开始练习接纳自己，不管谁说你改变得好不好都不要在乎，你只需要确认的是——自己很想尝试，就去做做看！这方法可以鼓励你的心，逐渐坚强起来。

你的心坚强了，喜欢自己了，外在世界才会跟着你转动，喜欢你。

07 我的生活如果只剩下我所喜欢的？

一切的感觉，都只是个体验。

一切的渴望，也都是个过程。

不安的心有时带着我们乱跑，

而我们的心，其实只想要解脱和快乐。

得到了，比得不到还痛苦？

过去的女性，总是有着难以表达的内心世界，像是日本著名的电视剧《阿信》，就深刻地描述了女性的坚忍和难为，美国著名的《欲望城市》非常深刻地表现出时代女性勇于追求自己想要的自主力，中国的《甄嬛传》则是刻画女性内心和生存欲望的代表剧。

但女性对于自己内心的渴望，到了现代，相较于过去虽然已经进步很多，不过，说到内心“真正”的渴望时，仍然是难于开口的居多，甚至根本不清楚自己想要的是什么。

假如生活只剩下了你所喜欢的，猜猜看，这样的生活好过吗？会是怎样的生活形态呢？

绝大多数的人可能都会觉得，得到了比得不到还痛苦；似乎只有少数的人，会觉得得到了一切喜欢的，是美好的事情。怎么会这样呢？照道理说，不是得到了你一直期待的，就很喜悦了吗？怎么结果不如预期呢？

这感觉就像是很多男女，结了婚之后，反而觉得对方变了，像是变了个人似的。所以婚姻就开始无趣，开始产生化学变化了，开始不满足，开始充满了看不顺眼的压力与冲突，初期得到喜爱的人或被人所爱的快乐与满足荡然无存，所以离婚率不断提高，分手的怨偶也愈来愈多。

每个人都在努力地找寻快乐，却不知道往往运用了各种方法都无法得到永恒的快乐。

其实，不是方法有问题，也不是别人出了什么状况，主要还是自己的一颗心或许并不想如此平淡，而是需要刺激，需要有“追求”的快感，这样从外面得来的，好像才是值得的。如果生活只剩下了所喜欢的，女人啊，是否就会开始不快乐了呢？

一个朋友，一位现代新女性，美丽、聪明，想要的一切都能得到，也嫁了位好老公，夫妻两人一起打拼，创造了美好的

事业，也创造了想要的小孩，有一天，这位天之骄女忽然想要离婚，因为“没有热度了！”。

她抱怨老公每天只是忙于工作和应酬，疏于对她的呵护和关怀，她忙于飞到各地去看时尚展，也能随心所欲地飞到各国去买衣买包，生活中的一切虽然都是她所喜欢的，但她却愈来愈不开心，终于，她爆发了，要——离——婚！

先生疼爱她有加，不忍心见她难受，百般努力之后，还是无法挽回她的心意，家人朋友都颇为震撼，并且责备她人在福中不知福。就这样，她还是坚持走自己的路，跌跌撞撞几年后，才赫然发现，之前拥有的幸福，已经无法再回头了！

当初一切的渴望创造了不快乐的源头，而不快乐的痛苦却促成了她的成长之路。她开始明白，原来自己并不是一个可以属于家庭归属感的女性，一成不变的生活不是她想拥有的。

明知道自己不断地追寻，原因是因为“不满足”，但也因此，因为了解了自己，反而也能去创造自己真实想要的“喜欢”，甘愿承受某些追求渴望的痛苦历程。这反而能引领她真的往内看到自己想要的是什么，尽管付出了代价，但是否能因此充满感恩，感谢这一切的值得呢？

小确幸的练习

微幸福的小转念

找个可以静下来的空间和时间，在家中，只是坐着。

如果你不常在家中，记得，找个完整的一天，静静地待在家中。

如果你不常外出，记得，找个完整的下午，只是漫无目标地去走走。

一定要至少三个小时，不管你是外出或是留在家中。

去做些和你的居家空间有着不一样的习惯的事情。

有时候，我们把家当作是旅馆，或是收容所，又或是储物间。你已经习以为常，然后，你忘了家的空间之美，你也忘了，自己也是有着不一样的美感。这些日常生活中的美感，需要你不断像经营爱情、婚姻，或事业一样，就算有点小小的不舒服，也应该去体会。

这像是念佛经一般，“心相续”——正是我们在努力完成的幸福感。

如果你的心可以体会到身体在空间中的小小安适感受，那么，你的心就可以细微地抓到一点点的幸福感。生活中的幸福，需要身体的支持，身体，则需要心的安定，才能体会得到！

摩诃般若般罗蜜多心经

可以令心柔软，感受到没有分别的智慧。

幸福，始于心的启蒙。

此为在中国流传最广，时间最长的“心经”。

是借由伟大的般若（为梵文，意指智慧）到达超越生死苦海之解脱境界。

当我们有烦恼时，也代表我们有觉性，可以解决问题，更是幸福的开端。

Part 2

制造
纯属于我的幸福。

幸福就是一种创造力，

你我都具足这种创造的力量，

只要你愿意接收幸福的灵感，

就能拥有幸福的生命！

——上官昭仪幸福道

Cher sœur et Beaufrère et neveux
Je vous envoi cartes pour souhait
et bonne et heureuse année et aussi car
mes neveux votres frère qui
vous embrasse

01 安抚自己爱伤的心

色彩奇迹祈愿文——

今天起，我爱我自己。

今天起，我爱其他人。

今天起，爱我不爱的个性。

今天起，爱我不爱的人。

今天起，爱我不爱的事。

今天起，爱我的生命。

今天起，深爱我自己！

——幸福道·爱的祈愿文第一章

一个忧心忡忡的妈妈，为了被保护溺爱过了头的孩子来找我，希望我能协助她的亲子关系。

我看着这个面貌姣好，却添加了点风霜的母亲，想到她年轻时也是美人一个。她把自己年幼达不到的梦想，都放在孩子身上，孩子却不怎么领情。孩子用不同的方式，来表达青少年叛逆期的为反对而反对。

母亲感到受伤，对很多事情都不能如她的心意，她感到无力、挫败，以及伤心。面对这个好强、好面子，努力“孝顺”子女的母亲来说，隐藏在受伤的背后，竟是愤怒！

我问这位母亲，你在气什么？

她来见我时，身上穿着粉红色的衣服，选到的色泽也是粉红色系列——她很渴望爱。小时候在家中得不到关爱，结婚后老公也聚少离多，整个家都需要这位母亲撑起来，她得不到足够的爱，却为了创造自己想要的幸福，把年幼时得不到的幸福，都添加在孩子身上，十分辛苦！

这种爱，后来成了一种严苛的爱，变成了要求，变成了孩子心中的过度要求完美，只许成功不许失败的一种严厉。

母亲的期待，在孩子心中，只有沉重的压力和要求，没有欢乐，像是一场吃力的战争，不能回头，只许往前冲！

一个努力往上爬的女性，如此努力，却也充满了得不到的挫折感，充满愤怒，每个细胞都在生气。这样的细胞记忆，容易形成生理疾病。我请这位母亲开始念我撰写的祈祷文，把自己的幸福感提升，把自己的挫折感化解为原谅和祝福。

没有人可以伤害我们，除非你“感受到”被伤害。多半在心灵服务的经验里，这种伤害感早就行之有年了，只是透过不同的挫败经验，被揭起了心灵深处的伤口，猛然想起罢了！

妈妈问，那应该做什么？

我想，最重要的，是面对那个绑着两个小辫子，曾经眼睁睁看到别人拥有，自己却非常忌妒羡慕的那个小女生。和那个可爱的小女孩对话，解开她的心结，放下过往的失落感，重新享受现在生活的富足与甜美，幸福感才会真正回到心里，觉得孩子怎么决定生命方向，都是允许的，可以接受的！

小确幸的练习

接受·是爱的第一步

准备一盆清水，可以让你见到自己的脸庞。

透过这盆水，去直视你印象中年轻的你，对那个年轻的你说：

今天起，我爱我自己。

今天起，我爱其他人。

今天起，爱我不爱的个性。

今天起，爱我不爱的人。

今天起，爱我不爱的事。

今天起，爱我的生命。

今天起，深爱我自己！

今天起，我爱每个年纪的我。

今天起，我就是爱我自己！

一连七天，每天三次以上！

02 幸福是一种情绪吗？

幸福感，是现在非常流行的一种概念。

所有商家的概念，不论主打什么产品，几乎都要带上“幸福”的字样。好像冠上了这个字样，商品就能卖得好！

幸福，也是一种情绪，一种感受！

同样粗茶淡饭，有人觉得幸福，有人觉得不幸。因此，这种感受，实在没有一个标准答案。

感受·接纳——纯粹的幸福能量

在能量工作中，幸福的感觉，会透过心灵的力量来感知。

特别有三种色彩可以带来幸福感受：蓝色、绿色和粉红色。

当我们走近大自然的怀抱时，会感受到舒畅；当我们走向西藏，会发现天特别蓝；当我们走进云南的香格里拉圣境，会发现地和山峦特别绿……这些真实的感觉，可以让我

们感受到幸福。

这是能量层次上的幸福感，没有任何的要求，只是单纯地被天地所接受，当我们对着香格里拉的山谷高歌时，你会感觉到原来这就叫做“接纳”，所有的声音全被吸收，全然被支持着，不管你唱得好不好听，都被山川所吸收，你感觉被支持、被包容。

在西藏的纳木措湖吟唱着咒音和曲调时，你会感受到心里延伸出一种爱和感激的感受，原来，真实的原谅和爱，就是这样的感觉。你完全不担心没有回报的问题，你只是纯然地被洗净，被滋养着。

这，就是爱，就是幸福！

幸福是一种被填满的感受，很多人像是上了瘾似的，渴望着幸福的满溢感。

不能享受幸福感是因为无法经常具有这种感觉，强烈的渴望就产生异常的痛苦感。本来幸福是平凡地存在着，就像空气一样自在地存在着，但是，强烈的渴望却往往打破了这种平凡感，而被痛苦所包围着。

所以，如果幸福是一种感受、一种情绪，那么它必然存

在着全然被支持、被接纳的感觉在其中。

被接纳了，感受到没有反弹的压力或质疑，这就是全然粉红色的一种接受与关怀。这种接纳，包括了接纳对方和自己。幸福的感觉，不需要华丽的外衣，因为，情绪上不论好与坏，想要释放的时候，一旦被容许发生、被接受了，那么，自然就会有一种幸福感受冒出来。

我很幸福，这句话其实是很难说出来的

当你说出“我很幸福”这句话时，自己的能量如果是质疑的、否定的、不相信的，或是欺骗的，这个感觉都会因此打折扣。

我记得在《天使神谕》这本书推出前，就曾经为了“幸福疗愈教主”这个头衔，展开了普遍征询与调查。出版社全体一致希望我能运用这个头衔，但我个人感到有点巨大，只希望写个心灵导师，或是作者就好。

当我征询一位总是严厉督导我佛学功课的出家师父时，他非常反对这个称呼。他问我：“你幸福吗？你有资格说自己幸福吗？”还有，他说：“教主？你放这个名称就死定

了，你的同业一定攻击死你。你已经够让大家眼红了，还敢用这个骄傲的名词吗？”

当他严厉地质问我时，刹那间，我感到非常难受，甚至像被催眠似地对师父说：“啊，对呀，你说得对，我不曾拥有其他人一样的幸福，我，嗯，好惭愧，我好像真的不怎么幸福……”刹那间的挫折感，似乎怎么努力，我都和幸福搭不上边似的！

出版界的所有朋友都一致认为这个名称很好，甚至令我感动的是雅书堂的总编辑丽玲，她说：“昭仪，你有这个量，量够大，你当之无愧。”她的说法，令迷惘的我，忽然感受到多年来的工作被“接纳”，并且肯定了我的努力，也让我感到自我肯定的力量。但灵修界和宗教界的朋友，基于保护我，却是一面倒地认为非常不妥，我应该低调一点，以免招人忌。

这让我想到了母亲对我的影响，很多母亲对于幸福的定义，真的很严格也很难达到，也许想要的太多，感受太多，到最后，满脑子都是不想要的，以及还没得到的那种痛苦感。

好玩吧？幸福感，难道真的这么困难吗？

小确幸的练习

Step 1 建立幸福魂

无论身处在哪种情况里，都是幸福的。

无论是不是你想要的，也都是幸福的。

无论你做哪种选择，还是幸福的。

幸福，不会因为你得到很多就幸福，

幸福，也不会因为你总是成为赢家就幸福。

幸福，是无法度量的一种感觉，一种情绪，一种灵魂！

幸福，是一种平衡的感受。幸福，会充满平衡与感激的能量！

Step 2 幸福魂练习法

首先你必须找到舒服的环境，太嘈杂、太不安全、人员往来频繁，或是容易被打扰的环境，都不适合做此练习。

我们的灵魂深处需要深度的被信任与放松感，因此，需要被好好地对待。我们的灵魂深处渴望被爱，需要信任与关怀，才能释放出爱的感受。

因此，选择一个舒服的环境，静静坐着，放点令你感动的音乐，点个薰香或令你放松的香气。你可以开始回忆生命中最美好的爱的记忆。

告诉自己以下的内容，可以不断重复念出声来：

信任你的身体和生命的一切，

信任你的身体，

信任你经历过的一切，

信任你生命中最痛的一刻，

信任你生命所拥有的一切，

一切都是丰盛的，一切都是值得的，

一切都是美丽的，一切都是必要的。

重复做七天，每天三次以上。休息一两天后，可以再进行下一个七天的循环。

03 活着，一定要有态度：信念

幸福的一把尺，有时候很难度量。
生命中很多事情，往往不能尽如你意，
因此，生活中的概念与态度，
就是你的信念，
而你的信念，是决定幸福的关键。

在我创办的“幸福道”课程中，强调的是“能量”的纯粹。能量是什么？就是不黑暗，活在光明里，坦然、自在、舒服、充满爱与信任。但也因为这样的信念，让我学到了有趣的功课，快速提升的结果，就是猛烈地见到光明，并见到过程中内在的黑暗与光明之战。

信任·爱——突破自我的心防

活在光明里，第一步要经历的就是信任。

如果信任，就不会有黑暗。没有信任，所有的一切就会充满恐惧和疑虑，猜测不断而感受到不幸福与煎熬。因此，我也发现，人要坦然地幸福，还真不是件容易的事。因为大家所相信的信念系统，都已经根深蒂固地形成：人必负我，我是可怜的。因为人负我，所以我也得做点防卫来自我保护。

活在光明里，意味着信念上的光明和清晰。心理上，就是信任，没有台面下的黑暗或是恐惧，也没有操控的手腕和诡计。

特别是女性的内在，经常充满了不确定感，以及惊恐和戏剧性的幻想演出。

在心灵的工作中，我们发现女性的确扮演着重要的角色，成也女人，败也女人。

女人爱的时候，爱得深刻、爱得死去活来；不爱的时候，闹得厉害、也闹得家破人亡。一个女性可以把老公的事业唱衰，也能令老公的工作起死回生。

因此，女性的信念，是非常重要的。

活着的态度，是择善固执？还是食古不化？我们对生命的概念，有许多不同的类型。常常在一个家庭中，看到了女性的坚忍以及毅力，但同时，也见到了女性的固执与不变通。

曾经一位艺文界的名人大哥，语重心长地希望我能协助他的妻子走出忧郁的世界。这位大哥，因为工作环境的外力诱惑，也存在有小三的问题。他的妻子是非常棒的贤内助，也因为是“贤内助”，所以形成了一种“我说了算”的权威感，久而久之，就无法与老公沟通了。女性的力量从爱变成了一种怨，夫妻貌合神离，渐行渐远，唯一联结的，只是为了孩子。另一位优秀的工程师，也因为妻子的多疑和不安全感，感受到压力和痛苦。

因为信任，这些男性朋友希望我能“开导”他们的妻子，协助妻子走出自我设限的困境。但另一方面，我也见

到了女性根深蒂固的恐惧和不安。

说穿了，女性最渴望的，其实只是希望“被重视”，而在老公面前，更担心被其他女人“比下去”。

特别是，“外面的女人”。

有时候，我真的很想骂这些“人妻”，是否可以试着回到初恋的记忆，或是回到那个可爱女孩子的记忆里。

生活固然有许多问题尚待解决，但是，重要的是我们如何保有自己最初的童心，去爱、去面对、去享受、去接纳。

每次见到“人妻”把自己锁在“固执的信念系统”里，就觉得很惋惜。信念有时候令我们被锁在一个象牙塔之中，不容许其他人的破坏。

所以，每次有这样的老公来拜托，希望我能开导他们的另一半时，我总感到很困扰。因为，要让一个信仰坚定的女性转变，充满了斗争、拉扯，以及一较高下的能量波动。

女人，智慧女人的生活态度，应该是怎样的？

智慧，就是幽默；能幽默，是因为看清一切，因为有爱，所以能够幽默。

有时候，放下比较心，觉察自己为什么如此努力地想要赢得老公的赞赏，这个要糖吃的小孩，或许才是固执地活着，不敢打开心门的源头之一。因为害怕被发现原来自己是如此空虚、如此好强，为着面子而生活。

活着的态度，不该是为了面子，而是为了里子。为了真实的内在丰盛而活着，这是活着的态度。

新时代的幸福感，是你坚定了自己的信念，做什么事并不重要，重要的是——义无反顾，勇往直前，没有后悔，就能幸福！

小确幸的练习

Step 1 活出丰盛——金黄色的力量

很多想法无法突破的人，非常适合运用能量操作的心念法则，来转换想法。

非常固执的人，往往是因为缺乏爱，个性容易惊恐担心，所以，容易造成心灵上的恐慌，感受到存在的紧绷和匮乏，所以只希望运用自己觉得安全的方式活着。

因此，首先，我们必须先承认，人人都有批判，人人都需要爱，我们，和大多数人一样，都渴望爱，不希望没有爱。我们，也都很渴望活在一种被尊重的态度当中。因此，我们需要先尊重自己，先喜欢自己所做的事，先爱惜自己的羽毛，从生活当中，得到生命的乐趣。

Step 2　活出丰盛——创造一个自己的幸福圈

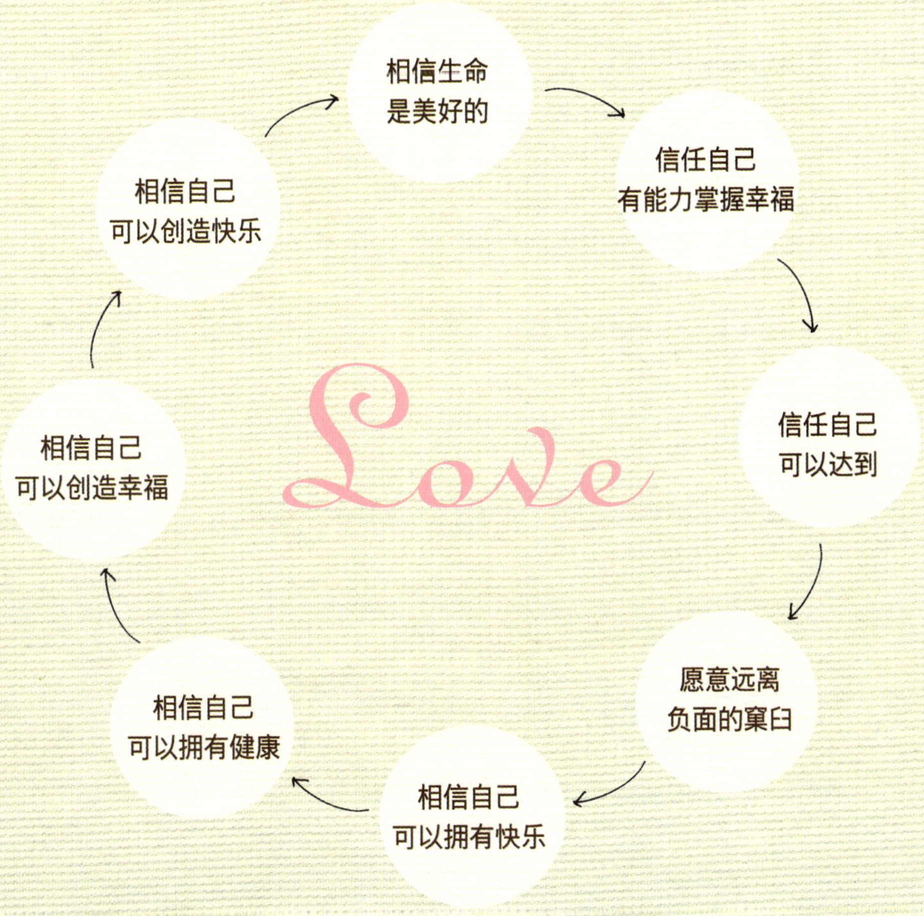

相信生命是美好的 → 信任自己有能力掌握幸福 → 信任自己可以达到 → 愿意远离负面的窠臼 → 相信自己可以拥有快乐 → 相信自己可以拥有健康 → 相信自己可以创造幸福 → 相信自己可以创造快乐 → 相信生命是美好的

Love

04 因为爱，所以有暖度

爱很简单，
也很平凡，
因为我们本来就是爱，
我们就是爱的源头。
我们天生就会爱、就懂爱，
更知道被爱。

爱是门有趣的功课。

所有为着不同理由来认识自我的同学或个案，几乎都是为着“爱”这个功课而来。

有个同学，为了想了解自己的生命为什么从年幼就被“抛弃”而来上课。也有位同学，不能理解为什么父母从来都无法让自己感到信任，不被理解的孤独感，让她不断在两种极端（表面讨好，背地厌恶）的情绪当中挣扎。

当然，这两位女性，在爱的道路上也走得辛苦。

爱是什么呢？爱其实是一种温暖的体验，是一种整合在一起、结合在一起、凝聚在一起的感受。

当你想到你所爱的人，心里会出现一种暖暖的感受。所以，爱不会是怨恨的经验，更不会是痛苦的体会。怨恨、痛苦，会令我们感觉到孤单与分离，想把人推开，产生分离感。爱是一种暖暖的，甚至让人感觉像是空气般的自然存在，直到你失去了，你才会猛然惊觉，自己一直活在爱里。

为什么不可以简单爱？

我们很喜欢活在怨恨、痛苦之中，不容易停留在爱里，为什么呢？

因为我们喜欢记着负面的情绪，透过负面的状态来感受到爱，这又是为什么呢？因为爱无所不在，每天我们都活在爱的质感里，但时日一久，我们反而觉得淡薄，没有浓度了。因此，我们喜欢透过强烈的震荡，来证实自己有爱。

很多女性喜欢玩着“说反话”的游戏。

男友说：“我真的好喜欢你！”女孩子会说：“喔，是吗？谁知道真的假的？”

男友说：“我绝不会变心！”女孩子会说：“是吗？这年头世事难料。”

当我们嘴上说着这样的对抗性的言语时，并不代表我们真心这样想，可是，我们习惯了，早已习惯这样的对话，也习惯用这样的对话来证明对方是有“爱”的。

所以，大多数的时候，我们活在爱里，却不再感受到爱。直到我们用痛来证明爱的存在，这时候，我们才会体会到“爱”的需求。

很多被溺爱的小孩，或是生活顺遂的人士，往往对爱的渴求是更为强烈的，主要原因就是如此。因为爱来得太容易了，因此，我们反而变态地想要“更强烈”些，我们反而从痛苦中抓到一点点爱，觉得得来不易，所以觉得有爱。

爱，是温暖的，是平凡的，是生活中每天都在发生的。

不过，就因为太平凡了，我们很想创造点不一样的不凡经验。因此，韩剧、日剧、偶像剧，所有的戏剧创造了这些不凡经验，也导致了我们从小对爱的奇特向往。

爱很简单，也很平凡，因为我们本来就是爱，我们就是爱的源头。我们天生就会爱、就懂爱，更知道被爱。不需要刻意，我们就是爱的表现。因此，这暖暖的感觉，只需要被唤醒，不必外求，也不用另外添加，因为爱是没有条件限制的！想要的得不到，是一种欲，不会是爱。欲会带来冷酷，而爱，只有暖度。

小确幸的练习

调整你的幸福酸碱值

想要体会到爱的暖度，最重要的，就是从身体健康开始。

如果你的身体不健康，是不会体验到爱的。因为留不住温暖在身体中，爱的感受力也会因此变得短暂而脆弱。

身体是爱的第一道防线，没有身体的健康与舒适感，爱就不会真实存在。爱是需要享受的，如果你能享受身体带给你的舒适，如果你的身体可以愉悦地活着，你就能体会爱。

因此，体会爱的第一步，是活在当下的身体里。身体健康，才能容易感受到爱的温暖与丰富。

活在当下：昭仪的上官老爹幸福养生功

去关照你的呼吸，觉察你的吐气和吸气。

每天起床后、睡觉前，都需要做呼吸吐纳的练习。

吸气的时候，同时双手上提，高举过头，尽量向上高举，腹部挺出。

吐气的时候，双手画圈向下，手掌朝向地面，尽力吐气，腹部收缩。

所有动作愈慢愈好，重复动作至流汗，就可以停止，稍做休息。

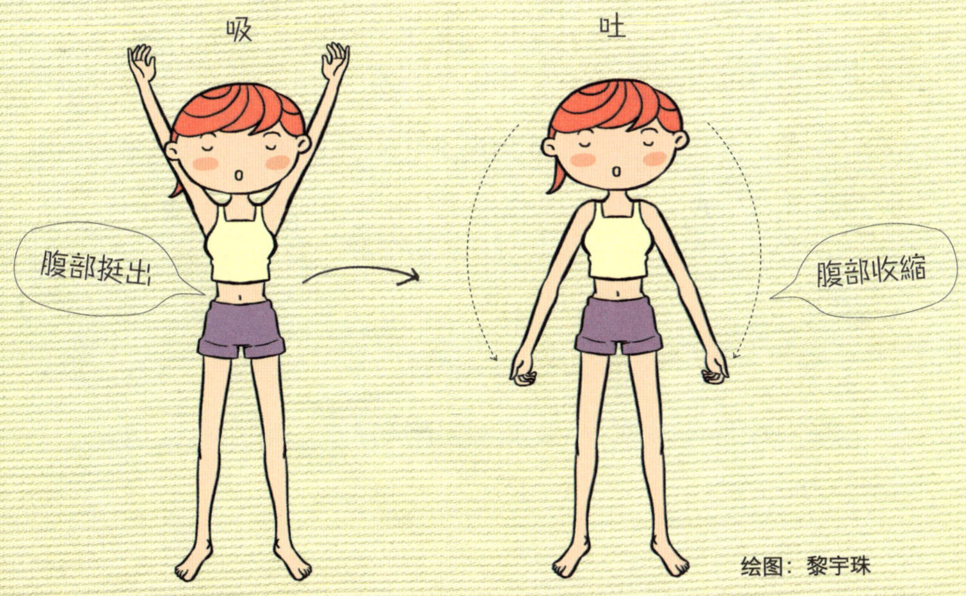

绘图：黎宇珠

05 从失去和挫折中找到力量

亲爱的昭仪，

2003年我遇到了爱情骗子，2005年，我失去婚姻。2009年，事业巅峰时我选择了爱情而失去事业。2010年，再一次，我依然选择爱情，对方却在最后关头弃我而去。我体会到爱的离去。每一次的离去，对我来说，都像是一次重大的击垮，而我，竟然能由打击中走出自己的天空。直到……2012年，我终于找到爱情，喔，应该说，是爱情找到了我，我遇到了爱我远胜过我爱他的好男人，我，终于可以结婚了！分享给你我的幸福。

爱你，一如往常

收到这封信，我很感动。除了这最后的好结果，感动的，是这中间的过程。

我陪伴着这个好朋友一起度过她大大小小的创伤，有时连我都很气愤，觉得老天不太公平，她老是遇人不淑，怎么会是这样的命呢？

身为公众人物，她这个偶像，可真的很辛苦呀！别人所见不到的压力，都只能在她每晚睡前打电话给我时，在偷偷倾吐中小小释放，或让痛苦伴随着泪水，就这样无眠到清晨。第二天清早，她依然打起精神，过着别人羡慕与指定的生活，继续痛苦地活在爱不得的痛苦里。

这是她的选择。她被事业选择，无法自在地活在她渴望的爱情里，她只能努力工作，完成一个偶像被要求的所有工作。她一直无法遇到可以包容她、接纳她、给她真实生命力的对象。往往，那些男人知难而退，没有行动力，她只好一次次在爱里牺牲，为爱奉献。结果却惨烈得不得了。

我们没办法评论，这是她的选择。但是，她每一次的挫败，都能从中爬起，每在爱里挫败一次，她的事业就更上层楼；仿佛在冥冥之中，上天给了她另一种渴望，要她先去完成自己生命的目标，再来谈个人的情爱。又可能，之前所遇到的人，都不是适合她的生涯发展的。

但不管情况如何，她愈挫愈勇，是不争的事实。

我曾经问过她，每次的辅导之后，她最常领悟到的是什么。她说，她只知道信任治疗师（我）给她的爱和支持，她知道自己内在仍然对爱有着不怕死的执着与追寻。

她也曾经透过宗教的协助，渴望找到一片天。最后她明白，自己必须要从痛苦中穿越，爱自己，胜过得到一切的爱。透过宗教的慰藉，透过任何人，都只是依赖。于是，她决定探索自己，决定了解自己内在的爱的本质。

之后她发现，原来自己并不是最惨的，因为自己还有爱的能量，自己并没有失去爱。

既然没有失去爱，尽管每个人的道路不同，但是在爱的冒险中，她依然有着强烈的好奇心和斗志，愿意去尝试，愿意去面对一切的碰撞。尽管，这路途中，她挣扎许多，也失去很多；但是，许多的不顺遂，都不代表着她不能去爱。

就因为有爱，所以可以原谅、可以穿越、可以从挫折中找到力量；这个力量就是爱，她从未失去爱自己的能量。

因为爱，她终究可以有力量找到回家的路。她说，失去不代表不好。每次的失去虽然心痛，但是，也让她看到了自

己内在的渴望。

或许，对爱的追寻，导致看不清楚自己想要的到底是什么。也因为失去，让她一再地去面对“净化”和“厘清”的自我历程。但她发现，幸好之前的爱情都是失去的，这样她才没走上更辛苦的道路。

“这是上天在帮我，你知道吗？”

她说，正因为这样，她的事业才会更上层楼。事业的顺遂，也是她所渴望的，既然如此，这样的挫败，从光明面来看，就不是很大的创伤；顶多，和其他人比较起来，这也不过就是没有得到。但是，她得到了其他的，她认为自己已经很幸福了！

找到自己的内在力量，主要是因为可以明白自己为何渴望爱的动机。

你知道自己为什么去爱？为什么想爱？想去爱什么？

愈去探索，就愈发现，原来这是自己想要的，或是，原来这是我不想要的。逐渐逐渐地，你发现，自己已经不再眷恋不想要的，而把目标放在“想要的”之上。

于是，你心想事成，得到了真实能量上所需要的。

小确幸的练习

找到力量

所有的事情都需要力量。有时候，力量需要被刺激，被活化。因此，从挫败中得到力量，是最快速有效的方法之一。

拿张白纸列出两个栏位：我想要 / 我不想要

列出所有你所渴望的（想要），以及厌恶的（不想要）。

渴望的是一种吸引的力量，厌恶的是排斥的力量。

- 如果渴望较多：

表示你明白自己的需求，容易成功，但也容易因为想要得到更多而痛苦。

- 如果厌恶较多：

表示你清楚自己不想要的，却只会以浪费力气的方式得到想要的，容易挫败。

最后，尽力去了解自己不想要的，把不想要的语言，转化成想要的语言。

例如：

我怕没钱 → 我想要有钱

我怕失败 → 我渴望成功

我没有创造力 → 我可以尝试看看

我能力不够 → 我尽力去做

我怕他不喜欢我 → 没试过怎么知道不呢？

06 随时都是新的开始

勇敢地面对，
每一次、每一天、每一个阶段，
都可以是新的开始。

人生不同的阶段，都是一个新的开始。

可是，我们往往可能在上一个任务该结束时却还没完结，而下一个开始已经发生了。于是，我们带着上一段尚未完成的任务，往下阶段迈进。这中间，可能也充满了“心不甘情不愿”吧？

于是，当我们面对生命的变动时，往往会惊慌失措，充满不愿长大的心态；于是“内在的孩童”一词，充斥在许多课程和人们给自己行为合理化的解释当中。内在的孩子一旦不愿意配合，所有的任性，似乎都是合理的。

该如何面对迷惘的课题？

女性生命中，最常见的就是“情感”上的变动。

瑞娟是个聪明干练的职业女性，每次来咨询，都是为了感情。一般人很难想象，聪慧的她竟会如此迷惘。她离过一次婚，在那个不堪回首的记忆中，她选择放弃。但也就是从那时候开始，她进入了无法稳定的感情关系之中。

她来找我，希望“向过去告别”。

过去挥之不去的痛苦，令她以工作来麻痹自己，十年过去了，她眼见着自己身旁的男人来来去去，每一次关系的结束，都令她痛不欲生。然后，她又掉进下一段关系里，遇到的，仍然是欺骗而短暂的关系。

其实，这是非常常见的一种“未长大”的心态。也就是，“反独立”的心理状态。

最令瑞娟痛苦的，是她不知道什么样的男人，才是她的真命天子，眼见自己的年岁升高，可是，自己依然如同个“小女孩”般，不知道自己的方向和选择。这往往是“依赖”和“独立”的课题。

身份的认同感一旦瓦解，造成了她对于自己的新开始和新身份充满了抗拒和迷思。偏偏，这情节却不断重复上演，生命仿佛和她开了一个大玩笑，令她不断地需要面对“依赖（关系）”后的“独立（分手）”。

也因此，瑞娟往往遇到的，都是“不对的人”，甚至是“虐待或不珍惜她的人”。

当我对她分析这部分时，她也承认，自己一直不理解为什么老是遇上“歪瓜劣枣”。

这可以由她的“橘色记忆”说起。

对于一个一直处于“童年依赖期”的人来说，特别是在童年时常常不甘愿地协助了家庭的某些事务，或是承担起爸爸或妈妈的责任或家庭生活中的变动，而瑞娟正好有着家中发生巨变的童年经验。于是，我们开始进行了一个“告别过去”的游戏。

和瑞娟一样，你也想过得快乐吗？想遇到“对”的人吗？

那就和过去童年那个不愉快的你“告别”吧！

小确幸的练习

和潜意识合作

放松身体，躺下或坐下都可以。

想象眼前有两条道路：

左边这条路，笔直没有阻碍，仿若康庄大道，是你现在“习惯”的生活方式。右边这条路，一眼望去，有点崎岖，甚至可能有点难走，是你即将要面对的新生活习惯。你站在路口，眼看着这两条道路。

去想象，你顺着左边走的路，虽然一开始很轻松，可是，顺着你的习惯走着，总是走到痛苦里，像是，总是遇到不适合的伴侣。痛苦一直围绕着你，不断重复着痛苦的经验。继续观想下去，想想你的每一段关系，是不是总是这样的结果？

接着想象，你往右边望去，一开始走得不太顺利的道路，有点不好走。可是，你的内心知道，再努力坚持走下去，后面的花园正等着你。美好的景象一一出现，请你这时候，继续观想下去，想象这一切改变后的美好。你开始拥有着全新的开始，全新的生活方式，以及——全新的男人。

想到这里，你的心似乎可以做个决定了，不再被迫的去做决定，因为你的内在已经明白，哪一条路才是最终的道路。

幸运结

佛教以八种器物来象征吉祥。

其中的幸运结原本代表爱情与献身，

佛教的解释比喻为——

在苦海中有能力由生存的海洋中，打捞起智慧珍珠与觉悟珍宝，

也代表了永无穷尽、长命百岁之意境。

觉悟与智慧的珍宝，带来了幸福的人生指南呀！

07 往想走的地方，一步一步前进

很多人都喜欢问我，
到底是什么力量，
可以支持我走这条“助人助己”的彩色道路这么久？
也有许多学生问我，
为什么我总是不被打倒？愈来愈强大？

其实，与大家所想的正好相反，我每一天都在被打倒的状态中度过，每一天死去，然后，再每一天重新活起来。特别是睡前，我一定努力祝福自己的死亡，然后，观想新的生命状态。

往内在走的道路，实在不太容易！说实在的，每一天，只要你往内观察，总是苦多于乐，特别是对生活总有着许多“不满足”的我。

一次回到台湾，助理告诉我，又有哪些负面声音，又有哪些对我个人和工作上的攻击，我实在很难受，又不方便发作。

当时我想：我过得很好呀，为什么总有人眼红呢？

难过的是，大家如此关心我的一言一行，我的所有发展。怎能有这么多人这样爱我、希望我进步，可是，我却依然在慢慢地爬行中，安于现状，没有大进步呢？

这中间的小确幸，有两个重点：

第一，是保持孩子般的纯真与好奇。

第二，则是摆脱依赖，走进成人的世界。

这从橘色，进入到了绿色的境界。橘色代表了情绪上的依赖，我们看到自己正站在十字路口上；绿色则代表着我们的心，站在这十字路口上希望做出决定，看我们想往左走？还是往右走？想走回依赖的习惯之中，还是走出一条全新的道路？我们渴望找到我们的定位（地盘），希望找到我们可以感到安全的位置。

分享一个网络小故事吧！

二战期间，一支部队在森林中与敌军发生激战，最后两名士兵与部队失去了联系，这两名士兵之所以能在战争中互相照顾，是因为他们来自同一个乡镇。

他们在森林中艰难跋涉，互相鼓励和安慰。十多天过去了，他们仍未与部队联系上。

幸运的是，他们打死了一只鹿，依靠鹿肉，又能度过几

日了。也许是因为战争的原因，森林中的动物四散奔逃或被杀光，除了那只鹿，他们再也没有看到任何动物了，仅剩下的一点鹿肉，背在年龄较小的士兵身上。

一天，他们在森林中遇到了敌人，经过一番激战，两人巧妙地避开了敌人，就在他们自以为安全的时候，只听见一声枪响，走在前面的年轻士兵中了一枪，幸运的仅仅是肩膀受伤。后面的士兵惶恐地跑过来，害怕得语无伦次，抱着伙伴恸哭不已。

晚上，没受伤的士兵一直念着母亲，两眼直直的，他们都以为自己的生命可能即将结束，身边的鹿肉也没了。但就在第二天，部队找到了他们。

事隔三十年，那位受伤的士兵说，我其实知道是谁开的那一枪，就是我的战友，他去年去世了。

在他抱住我的时候，我碰到他发热的枪管，但当晚我原谅了他，我知道他是为了想独活占有鹿肉，我也知道他是为了活下来见到他的母亲。

此后三十年，我装作不知道这件事，也从不提及。

战争太残酷了，他母亲还是没有等到他回家。战争结束后，我们回到家乡，一起祭拜了老人家，他跪在母亲灵前，请求我的原谅。我没有让他说完，我们又做了二十年的朋友。

我没有理由不原谅他。一个人，能容忍别人的固执己见、自以为是、傲慢无礼、狂妄无知要靠极大的心量。受不了恶意毁谤，纠结于此，只能对自己造成致命的伤害。

以德报怨说来很简单，但与其说是回归仁慈、友善与祥和，不如说是放过自己。

真正伤害你的，往往不是事情本身，而是你对事情的看法。

而信任，是你拿枪打了我，我依然相信那只是擦枪走火。

对我来说，这所有的一切生命经验，都是体验。必须进入经验之中，才能真的长大。

但是当我这样表达的时候，天知道，我也不过是抗拒了很久的小孩，最后不得不被逼着“体验”这痛苦吧？

说得容易，其实做起来真的是要人命的，很辛苦！

小确幸的练习

今天，

我们只是静静坐着，聆听，思索，

接纳这一切生命中的过往经验，

那些人、事、物历历在目，

而我们，

只是坐着，观赏着这一切。

运用西藏古传的观修法，和自己不喜欢的人变成朋友吧！

1. 思索你做了什么？此人为何不喜欢你？然后将爱的能量传导给此人。
2. 把这份爱也传送给自己，净化你的偏见和幻象，用全新角度重新出发。
3. 其他跟风助长此人讨厌你的，也一起和解。同样的，传送爱和祝福。
4. 以愉快的心和正面的念头，移除所有过去、现在和未来的障碍。
5. 吸引适合你的朋友，和新的关系靠近。

Part 3

幸福进行式。

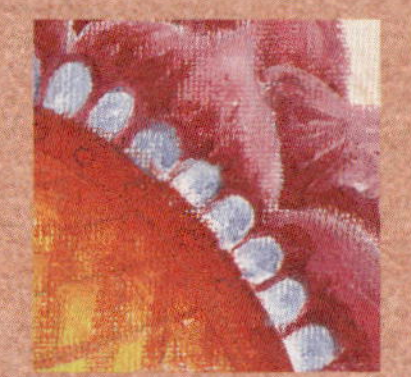

生活是一种经由不断练习后的体验，

练习是一种修正行为的生活方式，

认真去修炼、用心修炼你的幸福，

每时每刻就会沉浸在幸福的满足之中。

——上官昭仪幸福道

Cher seur et Beaufrère et neveu
Je vous envoi carte pour souhait
et bonne et heureuse année et aussi car
mes neveux votre frère qui
vous embrasse

Happy time
幸福的24小时

摄影：数位美学 赖光煜

晨 起

日安

每天早上起床时，
留点时间在床上。
不要马上起来，
匆忙慌乱地下床，
这样的感觉，
一整天都觉得很不舒服吧？

不要急着冲下床，躺在床上，想象一下一天的美好……“活着，真好！”

然后反身趴卧，享受一下起床前的甜美，以呼吸来调整心情。接着，活动一下脊椎，令全身的能量活动起来，令身体的力量开始苏醒。然后，慢慢地坐起，祈祷一天的开始，传送美好与祝福给这个世界，给每个亲友，也给自己。

确幸观想

晨祷——四无量心

愿众生具足乐及乐因，愿众生离苦及苦因，

愿众生不离无苦之妙乐，

愿众生远离分别爱憎，常住大平等舍。

美力香绘

确幸香气

［ 成功之钥 ］

※“爱上官”复方香精油，参见P.169。

DIY复方：

日：广藿香（1滴）·天竺葵（1滴）·玫瑰草（2滴）

充满恋爱感的甜蜜花香，带有少女的青涩情怀、清新的生命力，

使每一天都怀有梦想，积极展开精彩的一天＆吸引好人缘

夜：安息香（1滴）·佛手柑（1滴）·薰衣草（2滴）

一天的工作与忙碌过后，一杯热乎乎的茶、温暖的家、窝心体贴的关怀，

让你安心放松休息，抚慰你温柔酣睡。

香绘图像

为<象鼻财神>填色（填色图请见P.177），画出每一天的成功。

让你的意义，由你自己亲自赋予，定义你的成功！

早　晨

祈祷是最美的形体

诚心诚意，
在能量上，我们可以说，
就是一个人全心全意的
“信任”。

信任，可以带来安全，带来无烦恼的生活，并且可以创造生命中的奇迹。因为信任，我们减少了很多无谓的力气，我们不会恐惧、不会担心、不会烦恼；因为诚意，我们把美好奉献给整个世界，我们也把烦恼交出去，交给你信任的上天、宇宙，以及你的生命之流。

在祈祷、奉香、供水的仪式中，我们可以体会到古老祖先的智慧、各种古老文明，以及人类所创造的智慧行为。这一切，都必须“身体力行”，亲自体验过了，才知道什么叫做智慧。做个智慧女人，是我们魅力的来源。

确幸观想

祈 祷

早上起床，点一支香，不论你有没有任何信仰，
在纯好的香气中，在美力禅中，
我们已经明白，这些都会是最好的练习。
一个女人要美，就看她的内心，
如果做一件事全心全意，爱一个人奉献一切，烧一道菜认真学习，
你能说，这女人不美吗？看看我们的母亲，多美！

美力香绘

确幸香气

乳香

香绘图像

为大卫星填色（填色图请见P.179），
画出神性之光。

上课的清晨

彩油

从小学习画画，
色彩
一直是我生命中重要的力量。

每天选一点色彩，看看自己当天的状态，检测下自己一天开始时，可以得到什么神圣的启发。对我来说，这是我最喜欢的游戏，也是最享受的工作之一。

在二十多年的色彩能量工作中，我如同好色的女人一般，对色彩的执迷，可以将色彩能量运用在任何产业和事物中。

能量无所不在，玩颜色，要玩到出神入化，那才有特色和风格！

确幸观想

祈　祷

想象你身处在一个荒岛上，

仙女出现告诉你，

现在你有一个选择，可以伴着你在荒岛上生存下去。

你会选择哪一个呢?

于是，深呼吸，注视着眼前的色彩，

以眼睛、以身体、以呼吸，全身心地去感受颜色。

然后，选出最吸引你的四组彩油色彩！

美力香绘

确幸香气

天竺葵

香绘图像

准备4个圆圈，把在“彩油的确幸观想”中选取的颜色，

分别填入4个圆球中。设计你的图像，你的色彩流动。

静坐

是一种最好的快乐法。

平日清晨

很多人都以为静坐需要基础，其实，只要你愿意，在阳光和绿地上的静坐，根本不必费力，就会自然出现一种宁静的喜悦。阳光带来正面的激励感，一个人坐在阳光下，完全笼罩在金光闪闪的温暖中，人和影子在一起，完全不孤单了！微微的风，可以把我们心中的烦恼一扫而空。

确幸观想

祈　祷

在户外，

选择一处喜欢的地方，

不要有太多人、狗、车经过，否则，比较容易被打扰。

去观想阳光从上空照下来，想象金色的光芒从头流泻而下，

感受到被宠爱的感觉，

并且深深感谢大自然，你会发现，

一整天都很幸福喔！

美力香绘

确幸香气

柠檬

香绘图像

设定你的阳光，

填色画出你的太阳。

（填色图请见P.181）

午饭后 廊道

刚吃过午饭，不想马上坐着，

坐着不仅囤积小腹，也会感到一种迟钝和慵懒。

在附近的公园走走，在咖啡厅旁边的小小花卉中，走一走助消化，再以双手轻轻抚摸花朵植物的气场。

人，有时候只需要很简单地回归到最单纯的赤子之心，心中见到美好，眼中所见的世界，必然也是美好的。

确幸观想

去感受手上的力量。
手上的敏锐，
可以影响到我们的心。

美力香绘

确幸香气

佛手柑

香绘图像

画出你心的颜色，
填色画出你的OM。
（填色图请见P.183）

午后，阳光的绿地上

脚踏实地

我一直都很喜欢光脚，
在北京教课时，
学生往往都提醒我，
老师，注意脚寒呼！

女性情谊的姐妹们，总是这样提醒我，关心着我，可我，从来也没有“寒”过。

觉得自己像个任性的小孩，就是喜欢以自己的方式活着。我的脚也是一样；他们，需要自由。

自由的脚，踩在地上，可以感受到无拘无束，以及深深被大地滋养和支持的温暖。

确幸观想

当双脚踏在地上，把专注力放在脚上，
透过脚，去感受土地的温度。
你一定不知道，
或许，也不曾注意过，
土地的温度。
在家的旁边，找到被太阳晒过的土地，
不要潮湿的，最好是干燥，还温温的。
这样的感受，脚会很开心。
运用树木和植物的香味，可以令我们感到有力量。
这种力量，就是很坚定地站在地上，
无所畏惧。

美力香绘

确幸香气

岩兰草

以“镇静精油”的称号为人所知，
具有极佳的安抚作用。

香绘图像

画出你的草地，画出属于你的一片绿。

下午
4:00

Tea Time

看画，
喝茶，
享受一个人的恬静，
这是最棒的复原和休息。

有时候，我们的头脑不停地忙着，我们的语言不停地发出来，但是，我们却没有真正和自己相会的时间点。因此，透过和自己一起观赏艺术作品，仿佛和自己相爱一样，在爱中的女人，可以带来心灵最深的喜悦和美感。

确幸观想

这是一个创造和自己爱恋的机会。
呼吸时，把画作和看到画之后产生的爱的感觉，
全都接收到自己的心里，
在爱中，只有幸福，没有其他人。

美力香绘

确幸香气

摩洛哥玫瑰

玫瑰是爱神的代表，司掌爱、美、艺术的创造力，
所有形式对美的爱相连接，
促进人类及神圣面向之爱的统一。
“所有的意义都在爱里面”，
对事情的爱，让我们体验“成功”，
使人体会细致的感官经验，存在于天地宇宙之美，
敞开展示自己的美丽。
配合玫瑰香气，你可以成为人人喜欢的美女。

香绘图像

画出你的爱。
把你所爱之物画在心形之中，
再为你的爱恋玫瑰着色吧！
（填色图请见P.185）

傍 晚

叉手，脉轮

有哪一种静心，
可以边看电视边练习？
有哪一种静心法，
可以令我们的身体，
快速感受到小宇宙和大宇宙的威力？
劲能量，很方便！

AuraJin劲能量的练习法，一直是多年来，我最喜欢教的课程之一。因为，简单易学，特别是创办人Carol Klesow老师和我情同母女，二十年来她和我的互动，我们两个新女性，往往对于我们创造的生命和事业，都会在第一时间分享。

于公于私，这一个自我调整的练习方法，也带给我极大的安慰和感谢。特别是劳累一天之后，我都会以这两种方式，来调整身心的和谐。

确幸观想

叉手：最深的喜悦

消除一日惊吓和负面情绪的练习手法。

脉轮：一日的补充

当疲惫了一天之后，回到家，可以看看新闻，

这时，调整一下全身，自己补充力量吧！

美力香绘

确幸香气

黄桧

香绘图像

填上你身体的颜色，

画上你的色彩。

（填色图请见P.187）

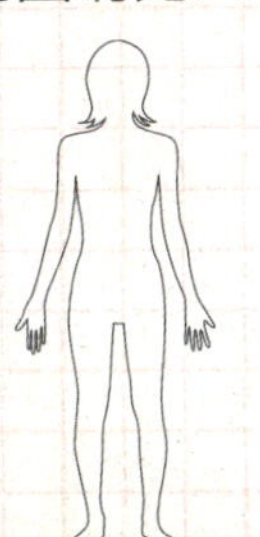

Happy time

幸福的吉光片羽

树的呼吸

有阳光却要工作的一大清早，
或是有阳光不必工作的上午，
我喜欢，
这样和树木对话。

有时候，当我们需要一点希望和信心，树木，完全可以滋养我们这些缺失，特别是，从外界、从他人身上得不到的鼓励和滋养。当你和树木对话时你会发现，那一点一点的喜悦从树梢流泻而下，那一丝丝的温暖，可以令你发现生命的奇迹。

确幸观想

一定要把前心和后背，紧紧地贴着树干，
然后，仰望树的顶端，令颈部和头部，
顺着眼光，往上，与天联结。

美力香绘

确幸香气

牛樟

台湾特有原生树种，多分布于低海拔阔叶林中。
因为树形粗状坚实，所以被称为“牛”樟。
牛樟精油内含诸多的活性物，可使用范围非常宽广，芳香气味持久不散，
令我们吸闻后可以联想、感受到强大的定力，
如同生命树的力量一般。

香绘图像

画出自己的树。

水 晶

在地球上，
所有的矿石水晶，
都具有教育人类生存的使命。

水晶是非常美丽的东西，因为，他们是地球上年龄最大、色彩教育资历最深的导师，他们也是人类的老师。因为坚硬，所以持久；因为持久，所以看尽一切生命现象。原矿水晶们所具有的色彩智慧，足以教导人类这个大调色盘，如何用色、如何爱色彩生命，也可以带领人类，学习金钱文化的一切洗礼。

他们的存在，使人类的文明充满了奇迹与能量！

确幸观想

白色的光流动，

自左手流入心，再由心流向右手。

白色的沁凉，

由左手进入我们的心，

白色，将我们净化，并且提升。

美力香绘

确幸香气

佛手柑、薄荷

香绘图像

为雪花的结晶图案上色。

水晶的结晶体非常美，而它本身的结构就是一个曼陀罗。

（填色图请见P.189）

花

赏花，
可以令女人
真的美丽起来。

看一个认真的女人，一个在恋爱的女人，或是在撒娇的女人、性感的女人，我们常用花来形容女人，女人如花，真是如此！

女人，如同花朵一般，一个会爱自己的女人，总是会让自己像朵花一样，妩媚娇艳；一个懂得爱自己的女人，也会深深地明白，知道自己是哪一种花朵。

不知道自己是哪种花，也不知道如何欣赏自己的女人，是不会真的美丽的。

确幸观想

想象自己就是这朵花，
想象自己如同这朵花的色彩。
如果是自己买的花，记得到花店买花的时候，
以色彩来选择，去想象如果自己是一朵花，
那么，会是哪一朵呢?

美力香绘

确幸香气

九花

香绘图像

挑选你喜欢的花朵的图案，
然后试着临摹下来。

瑜伽静坐

瑜伽是古老的智慧，
古老的身体智慧，
也是古老的讯息。

记得我的理疗瑜伽老师——一禅老师，曾说过：练瑜伽，不是为了练习到某个体式上，而是去经历“过程”。这说得真好！

去体验这过程，就如同体验生命，如果你囫囵吞枣，生命匆匆度过，你无法真的穿越和体悟。唯有你珍惜每个时刻，不论是喜悦的，还是痛苦的。

不逃跑，正如同瑜伽的过程，你在那个位置上，就是去体验从紧到松，再由松到紧的一切。你不逃跑，于是，你成功了。正如同你的人生，你勇敢经历一切，你是成功的。

确幸观想

不要勉强自己做不舒服的事，特别是练习瑜伽。
我喜欢的湿婆瑜伽，虽然非常快速，
但是，拜日式可以展现出如同热瑜伽的身体热能，
却不会伤害身体。
瑜伽，已经不再只是调息呼吸，或是作体式。
在我创办的美力瑜伽®练习法中，
练习瑜伽最重要的是过程，
是身体的柔软、呼吸的力道，以及肌肉的训练。

美力香绘

确幸香气

印度檀香

在印度，出于对神灵的敬重，
所有的檀香树都必须由少女以右手浇灌。
而优良的檀香精油必须萃取自树龄在三十年以上的老树心，
才会有檀木甜而温柔的香气。
檀香也成了我们渴望开启智慧，
对内在神性心存感激的引导气味。

香绘图像

以文殊菩萨心咒绘图填色。
（填色图请见P.191）

铃

声音，

音乐，

是非常重要的生活情趣。

我们常用声音来调整心，生活中，音乐是非常重要的安定剂，如果一个人活在没有美好音乐的世界中，这个人，肯定容易忧郁躁郁，甚至暴怒。我在家中玄关处，布置了一个声音疗法——有助心情祥和的小音感饰品。在国外，非常流行这些小小的生活情趣装饰品，在一般西风和欧风一点的家具店里，往往可以买到这类小玩意儿。

确幸观想

运用音乐是很自由的，
一个个性沉稳或需要宁静的人，
往往喜欢祥和，或是宗教的音乐。
音乐可以协助我们听出内心的声音或杂音。
一个静不下来的人，可能最热爱的就是动感电音。
如果你发现了自己的习惯，
建议不妨找个完全没听过的音乐试试。
偶尔试试，你会发现，自己会变得愈来愈有弹性喔！

美力香绘

确幸香气

新露兜树

香绘图像

打开音乐，什么都不用想，
随着音乐给你的感受，
在白纸上画出你的乐章。

美力禅（香气）

自古以来，
不论东西方，
香气，
一直是一个人身份的象征。

香水的起源，源自法国宫廷。而实际上，运用香气的，除了皇宫贵族还有宗教；当然，更包括了古老文明的灵性巫师、西方魔法，以及近代的法庭之上。近代的时尚圈，女人以香味代表自己的个性魅力，也的确如是。当然，有品位的男人，也会以香气来表现自己最好的一面。

香味，是我生命中继色彩和音乐外，不能缺少的一个主要的生活艺术。往往我们燃香、焚香，或运用香精油来闻香时，大脑释放的喜悦，以及透过吸闻过程中所带来的情绪释放，对于高能量以及高情绪智商的管理，非常有效。

确幸观想

Step1 准备好你的植物香气，把一滴植物的香气滴在手心或面纸上，如果滴在手心，就以双手搓揉一下。

Step2 打开手，向世界以及所有过去未来的一切分享这植物的美好。

Step3 心里默默感恩植物的香气，然后深深吸闻这个气息，静下心，静静坐一会，享受这宁静的瞬间。

吸气的时候，吸进一切。吐气的时候，释放一切。

不论你吸入什么，你愿意全然接受。

而吐出时，你也愿意真诚地放下一切。

放下愈多，得到就愈多。

你会是最美丽，且具有力量的女人！

美力香绘

确幸香气

红桧

香绘图像

以梵文心经（填色图请见P.193），绘出你自在如天空般广大的心。

阅读·饮食

往往一个容易吸引人的女性，
是因为——
读好书，
饮好水，
吃新鲜蔬果。

一个女性，如果不会读书，就会令人感受到无趣的气质。对一个女性来说，读书、饮水、吃蔬果是生命中非常重要的美丽三妙方。如果一个女人的生活中少了其中任何一样，那么，美丽就只能透过外在的妆点，无法以真面目示人了！

确幸观想

市面上有很多净化水质的特别方法，
如果你相信，都去试试也无妨。
每天适当地饮用水，饮用好水，
还要补充适当颜色的蔬果，
内在、外在的美，令你无懈可击！

美力香绘

确幸香气

葡萄柚

香绘图像

准备一个圆，点出你的中心点，
由中心开始，画出你内在丰富的果子。

画 画

你了解自己吗？

画画吧！

让我们来画画吧！

从很小开始，我就在母亲的培养下开始画画。每到周末，妈妈总是带着我和弟弟（主要是陪我）去公园写生画画，或是去看画展。也许正是因为这样种下的种子，我总是能够在一堆画作中 “看到”灵魂。

画画可以令我们见到自己的内在，特别是内在渴望圆满的那种本自具有的富足——我们每个人都很丰富，不必模仿成为他人，只需要见到自己的色彩。很多人也透过色彩，来做情绪的处理，在多年的教学中，我常常见到人们身上美好的各种色彩，一个能活用身上色彩的人，肯定是个了解自己的人。

确幸观想

初学者不需要主题，
只需要选择色彩即可。
用心把一张纸填起来，
不论是什么，只需要一个重点——开心！

美力香绘

确幸香气

茉莉花

在画图的时候，
可以以薰香的形式让香气随时在你左右。
又或者，把香气瓶子随时侍候在旁，
让你在有需要的时候，
或是缺乏灵感的时候，
吸闻植物给你的灵感。

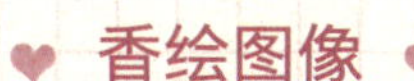

香绘图像

发挥你的想象力，打开你一切的可能性，
随心随意，随时随地，去画出你的情感吧！

一月——爱你的生命：控制感官，专注喜乐（持戒）

二月——爱你的天赋：控制心意，管理个性（守意）

三月——爱你的智慧：研读经典，接近贤人（守意）

四月——爱你的身体：身心和谐，冥想断食（体位）

五月——爱你的呼吸：创造能量，绽放生命（呼吸）

六月——爱你的感官：收摄感官，随心所欲（撤回）

七月——爱你的灵感：培养兴趣，反复练习（把持）

八月——爱你的遗传：习惯养成，内外健康（把持）

九月——爱你的力量：观察美好，体悟力量（入定）

十月——爱你的包袱：放下束缚，享受当下（三摩地）

十一月——爱你的善良：追寻灵性，连结真我

十二月——爱你的重生：感恩记忆，利己利他

＊绘图：上官昭仪、谢盈萱

静
安汝之心

附 录。

美力五大系列产品

～身心灵能量美学环保新概念

地球有五大生命元素——地、水、火、风、空，这五大元素形成美好的生命与环境，每个人内在也有这五大元素。古人提到这五元素平衡时，将拥有如同瑜伽士的容光焕发与光体。5也是代表人的神秘数字，并且与地球相对应着。美力系统致力于地球环保以及个人环保，只要我们平衡好五行五元素，就可以处于健康平衡的身心灵状态。因此，美力系统开发五大系列色彩能量工具，以协助个人身心灵及团体和谐，共同创造生命的健康与环境的美好。

地系列——原矿星球

地球上美好的原矿，是人类的好朋友，带有色彩信息的原矿，可以提升并启发人类对于物质生活的信念与提升。色彩能量专家美力系统团队，特别挑选黄水晶元气矿石与紫水晶洞，搭配个人健康养生与居家环境色彩能量管理法，人类向色彩原矿学习，并且运用智慧，善用地球上的美好能量工具。手工打造的水晶扩香吊饰与扩香瓶，可以搭配渴望便捷或具有时尚美感的人士，把水晶能量结合香精油，可以全天候沉浸在美好的正能量中。

水系列——植物香精油

水代表情绪，人的身体充满了水的智慧。因为，生命的答案水知道。远在20年前，只身前往英国、美国、日本，并完成全阶段色彩艺术教育的首位启蒙训练华人讲师，在了解水与自然界的运作原则后，运用水的智慧结合，将台湾古树油、印度花香油，以及纯粹精油，调制成特别滋润的香品按摩护肤油。经过星象与星辰节气的配合，植物征象学、灵性脉轮学等方法整合，创造出搭配身体水平衡的香品。

火系列——美力香粉

身为一个十多年来一直带领圣地之旅的文化学习领导团队，香粉的设计，原创来自东西方传统的薰香以及香气疗法。多年来旅行各地，人们到各地对环境的适应力，常常运用香气可以达到瞬间改善水土不服、适应不适的良好效果。人们天生喜欢香气，因为香气可以透过嗅觉创造美好的大脑记忆。而燃烧的香粉，不仅可以除臭，更可以提神提气，甚至在静心冥想时，都可以创造极佳的效果，中国古代的品香亦是如此。如同古人品香，我们将可以安定心神的香品，带到世界各地以及每个人的自身与居家环境之中。

风系列——天使精华

所有带来的美好，如同孩童般的体会，就是一种纯粹。在风系列，我们推动一种高度的纯粹感受：天使精华。带来纯粹色彩能量的天使精华，对应时下最流行的时尚色彩，也带来最美好的喜悦力量。运用纯粹精油搭配紫晶瓶调制而成的纯粹精华，有油水混合的颜色调和油，也有纯挥发至空气中的香氛。特别的色彩能量香晶项链吊饰，非常适合喜欢色彩搭配与天使幸运色的时尚人士。

空系列——美力香精油

配合美力系统独创的香绘疗法，我们创造了独特的香精油系列。独特的香味，运用于身体四周，将空间气氛调至最佳状态。5种独特香气配方，针对不同需求与目的，搭配色彩能量，一推出即受大众好评。特别适合渴望快速提升身心灵与生活体悟的成功人士。滚珠瓶组，也可以配合刮痧舒压之用。5款最佳随身舒压提高灵性的香气工具：粉红之爱；成功之钥；觉醒之爱；喜悦之光；转世之星。

“空系列”香气产品的使用

香精油使用方法

高能量提升

在吸闻香精油时创造出喜悦的感受，并带来情绪的释放，对于高能量以及高情绪智商的管理，非常有效，使用步骤如下：

1. 把香油涂抹在手心及手腕脉搏处，双手搓揉。

2. 打开手，迎向天空，由心开始透过双手，向这个世界及过去、现在、未来一同分享这植物香气的美好。

3. 把双手汇聚到头顶，再由头顶开始，从上而下，沿身体的中央，手心向自己，经过眉心、喉咙、心、胃、小腹、双脚，做一个香气的清扫。（手可以不直接触碰身体）

4. 弯下腰，手心朝地面，分享给孕育生命的土地，感恩香气，慢慢站起身，深呼吸3遍，深深吸闻这美好的气息。

快速幸福

出门前把香油直接涂抹于手腕、耳后，让你带着香气，以愉悦的好心情出门，开始美好的新一天。

心情突然低落，或是遇到讨厌的气味或情景，可以直接涂抹于手腕处并深呼吸，让你提振精神，转变心情，回到好心情的怀抱。

营造体香，香体润肤

含有天然植物提取香精油及维生素E，于沐浴后使用，涂抹全身，令皮肤清爽自然，润泽滋润。也可作为身体按摩油使用，为你的肌肤及生活增添情趣。

润泽发丝

洗发后，待头发半干时以适量香油抹于发尾，可润泽发丝，吹干后随风飘散你的发香。

纯香精油使用方法

速效清新空气

用以驱除室内的烟味和其他异味。把5～10滴纯香精油加于纯水中，摇匀喷洒在全身，同时也可喷洒在床上和衣服上、房间内的空气中、家具和花草上，可去除异味，保持空气清新，夏天还可驱蚊赶蝇。

美化室内环境

提高工作效率，增强自我肯定，实现成功。滴5～10滴纯香精油加于香薰炉的水中，点燃香薰炉，散发在空气中的木质清香，能增加工作热情，提高工作效率。

香薰泡浴，舒缓疲劳

把5～10滴纯香精油，滴于一浴缸温水中，浸浴15分钟左右，丝丝甜甜的花香，具有舒缓神经、消除疲劳、提振情绪、增加自信心的作用。

Isa

附录 香绘图像填色线稿

所附线稿皆可自由影印放大并填色。

象鼻财神

✂沿此线剪开

大卫星

沿此线剪开

太阳

沿此线剪开

OM

沿此线剪开

爱恋玫瑰

沿此线剪开

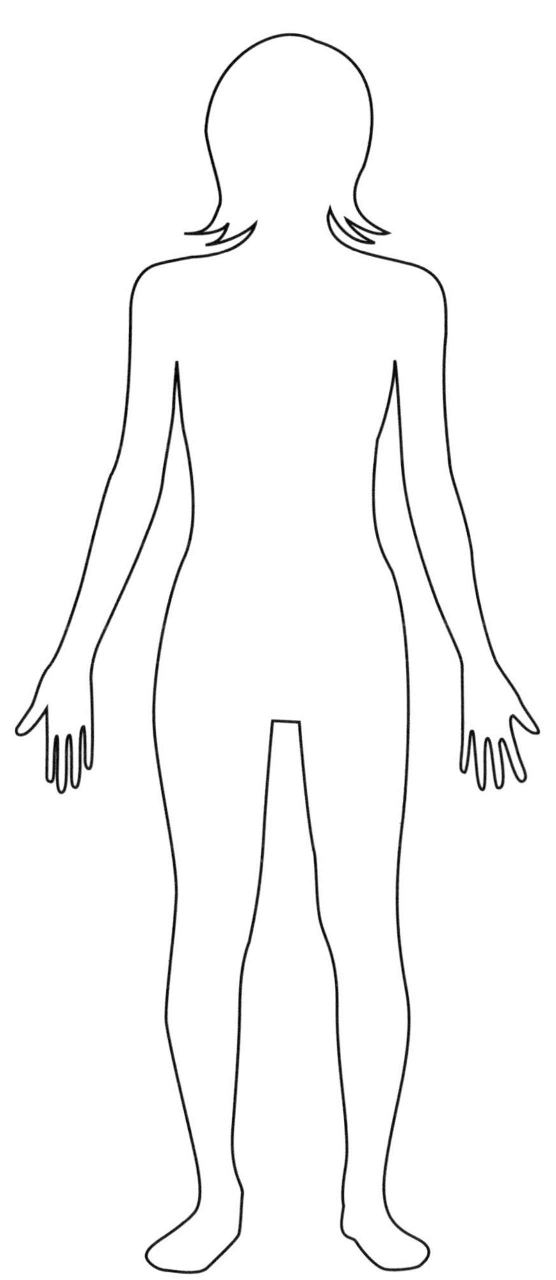

人体图

沿此线剪开

雪花结晶

✂ 沿此线剪开

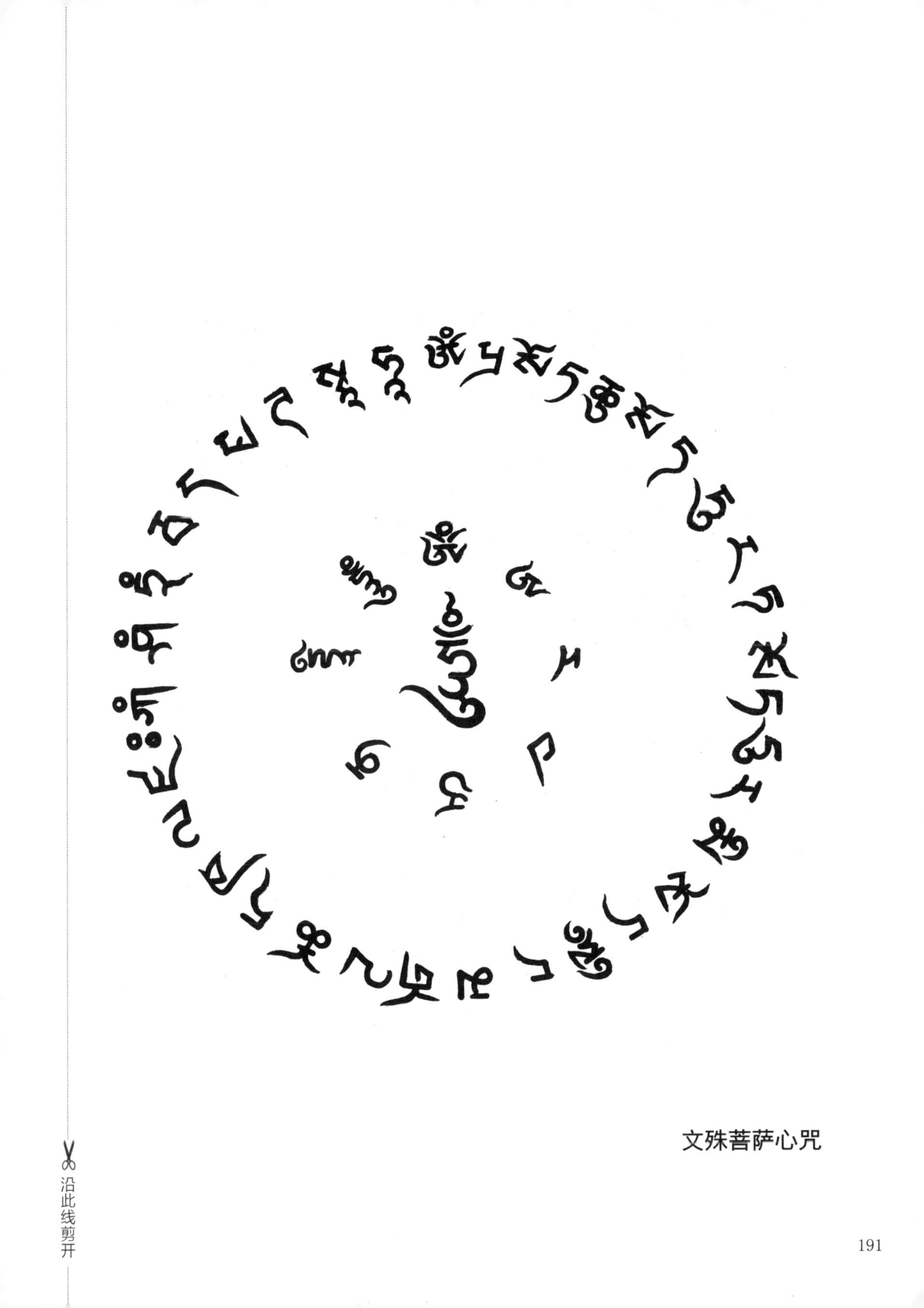

沿此线剪开

文殊菩萨心咒

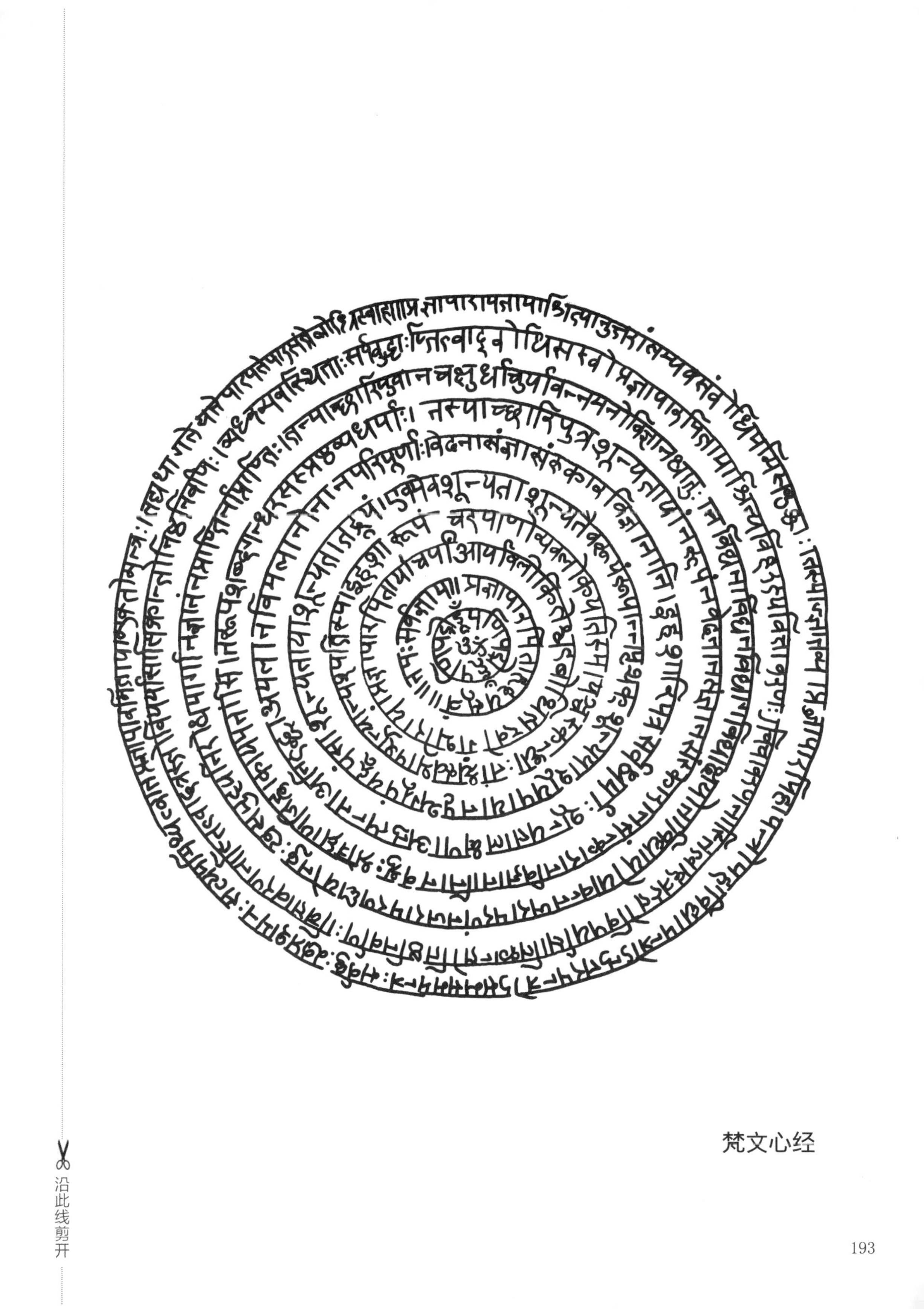

沿此线剪开

梵文心经

分享你的幸福，赢取幸福指南

——让上官老师成为你的人生幸福彩妆师

生命有了色彩，人生才开始有趣。

当每个女孩开始会使用色彩时，她们第一个成年礼，就是学习服装和化妆的色彩搭配，以迎接爱情的到来！

在各个文化中，女性之美，从古至今，都会用到颜色。

因此，美丽的女子，必然需要熟悉并善用色彩。

化妆宝典为幸福彩妆师——上官昭仪，开辟了独家APP互动专区，
只需要通过手机，你就可以得到上官老师的独家色彩指导。
每天都可以收到上官老师的天使幸运色搭配指南，
并且拥有老师的线上与线下“爱美力彩色学堂”的互动引导，
加入充满幸福能量的“爱美力彩色”学堂，不仅可以在线与上官老师互动，
还将结交到更多研究幸福与美丽的好朋友，
人生将因此而充满喜悦，
快加入美好的幸福圈吧！

智慧女性
——每天活出自己的生命色彩！

完全投身于家庭的女人，会因为无法与丈夫在事业上进行更好的交流和沟通而遭受丈夫的冷遇！

而完全投身于事业中的女人则又会被丈夫斥责为女强人，对家庭的关心不够！

什么样的女人像什么样的花，花与女人是永远扯不断的话题！

你是哪种女人？

认识真实的自己！
选择你要的生活方式！
最佳的两性关系、亲子沟通！
独立且喜悦地做自己！
找到幸福的度量衡！
你都做到了吗?

“智慧女性”课程，从智慧美学入手，以爱为核心，以实修体验形式为教学特色，透过“健康、美丽、智慧、财富、爱”五大主题，关注女性体态、仪表、气质、品位、艺术修养、待人处世、思想深度、心灵成长、子女教育、理财等素养和能力的提升，致力传递“魅力女性”的文化，帮助所有女性重视身体健康的意义，培养内外兼修的美丽，穿越痛苦、提炼内心智慧，实现财富独立以及在爱中找回美丽自信，在课程之后真正达到身心的平衡、魅力的绽放、智慧的发展、财富的独立、心灵的和谐！

尘间之旅

旅行是一种心仪式。
是对心的解放，是对情的修炼。
一种开始和结束的关系，
也是练习一种开始和结束的仪式。

我们在凡尘间的生活，每天都在开始和结束中流转着循环着，就像是一场场的修行，也像是一场场的战役，更像是一场场的盛宴。

有时候，你是否很想从每天繁杂的生活中退出来，休息一下，不要如此忙碌？或是先静止下喊个暂停，只求片刻无人打扰的宁静？每天的生活总是督促着我们前进前进而无法自拔，直到，你想出走，为自己找到心里的答案，为自己的生命创造不凡的奇迹。来一个时间、空间的暂停，然后，重新令自己回到喜悦的原点，生活的美感之中。

“尘间之旅”由上官老师独创，以修心为主的修行之旅，运用宇宙语言“色彩能量”为主题，在各国乘着当地色彩能量的文化车乘，令参与的伙伴体现人生不凡的潜能及神奇的创造力。特别适合渴望转换人生跑道，寻找自我，或是来一场开心无所求的人生奇遇的人士。

在尘间的旅行，可以自己选择，自己行走。走过一遭，你会明白，自己的人生，可以充满创意的创造与启蒙。回到日常生活中，你已经和过去不同，你已然是个充满生命力的全新的你。

道和慧明微信二维码
www.dh-hm.com

让我们一起来
享受生命的力量之美！

ISHANGKUAN美力品牌缘起

爱上官美力系统由色彩能量专家上官昭仪创办，集结中国两岸三地优秀人才而成立，致力于全方位运用色彩，帮助人们了解宇宙间两大生命力量：美（Beauty）与力（Power），美即为阴柔能量，力即为阳刚能量，而平衡阴阳的唯一方法就是爱。美力系统强调Love my own way（爱我的道路），所有团队均致力于以爱为核心修炼目标，并借由色彩创造内外生命之美，以达到令世界更充满慈悲与智慧。

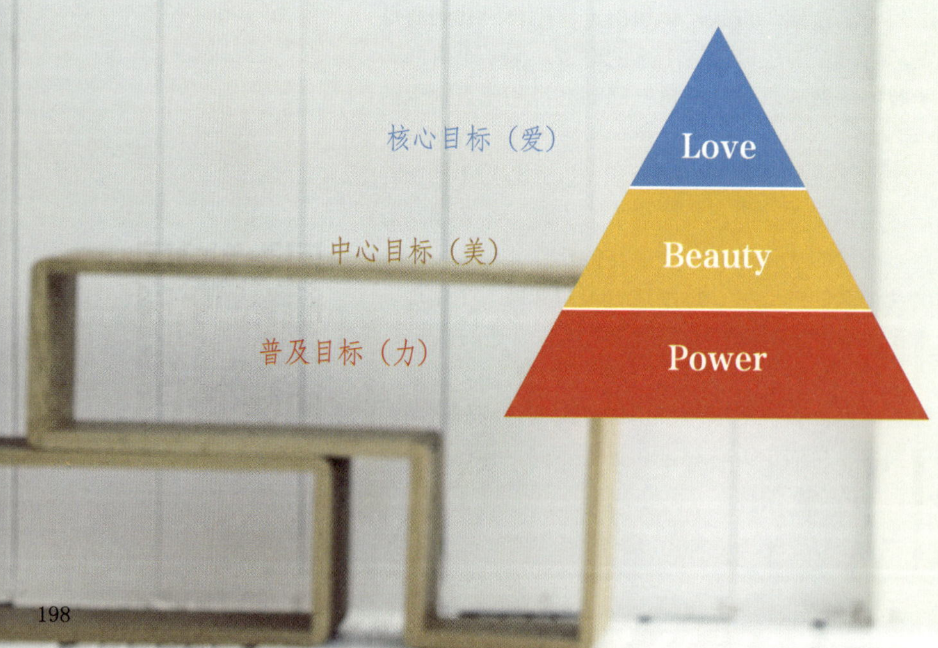

五大美力版块

品牌美学:

异业结盟/企业咨询

艺文美学:

书籍出版/沙龙演讲

生活美学:

色彩工具/高端定制

智慧美学:

普及推广/专业认证

生命美学:

个案咨询/团体咨商

美力系统服务项目:

色彩能量美学推广与专业教育
企业品牌整合咨询与内训
欧美专业色彩能量健康整合认证培训
各地社区与城市色彩能量公益服务
成功能量在线成长教育

爱上官美力官网: www.ishangkuan.com

上官昭仪色彩能量学

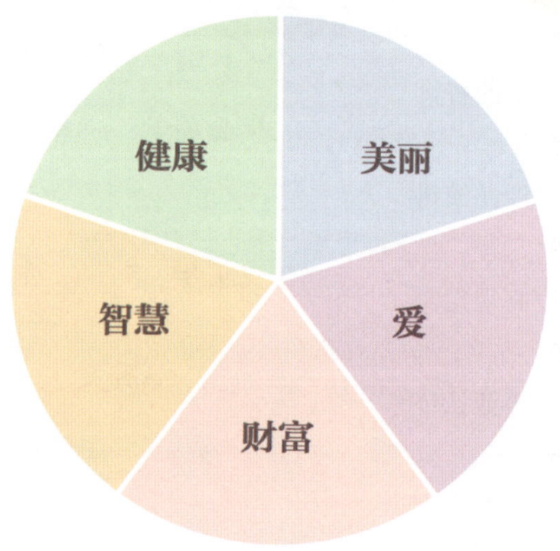

上官昭仪色彩能量学致力于人文素养之培育，人文素养是现代社会最重要的核心力量，运用莲生心无念喜色彩（Lotus mind）及光学原理，可以带来哲学、人文及心理学知识的教育，可以助人反思及提升。

上官昭仪色彩能量课程系列：

1. 生活色彩系列课程——色彩在生活当中有效的应用方法
2. 专业色彩系列课程——色彩与能量的专业学习与实践应用
3. 国际色彩能量培训师——研究宇宙语言（色彩能量）达到幸福

联系方式：love@ishangkuan.com

美力彩光空间～家庭能量管理

美力彩光空间结合水晶、色彩、香气、声音以及空间场域。

正是地、水、火、风、空，五大元素的结合，将美好记忆收藏在身体每个细胞之中。

打造美好多彩的生存空间，是我们致力的目标。运用自然界的色彩创意，可以无限延伸幸福的创造力量。

结合水晶、神性几何、色彩光能等元素，透过光矩阵内每个色彩光源，协同内建的特殊水晶配置，创造出具有补充、净化及平衡作用的安全彩色光能空间。

运用上官昭仪色彩能量学之家庭能量管理法，令所有居家空间，呈现美好的幸福记忆，美力家庭能量管理师团队，可以协助每个空间，充满色彩的影响力，并且令空间中充满色彩创造出的幸福感。

金字塔水晶群组能提供强力正向能量，美力彩光空间实验证明：有提高食物的保存期、弯曲汤匙回正、心智迅速稳定等作用。

美力彩光空间的五大影响力：

- 开启愉悦彩光；
- 净化空间场及负能量；
- 创造受保护的结界疗癒场；
- 调整整体内外精微能量系统；
- 回归身心灵平衡。

Happiness life